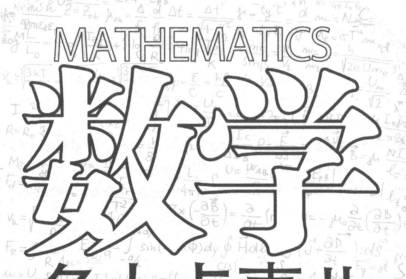

MATHEMATICS

数学

多大点事儿

刘行光 高慧 沈敏庆（编著）

人民邮电出版社

北 京

图书在版编目（ＣＩＰ）数据

数学多大点事儿 / 刘行光，高慧，沈敏庆编著. --
北京 ：人民邮电出版社，2015.7（2024.4重印）
ISBN 978-7-115-39616-7

Ⅰ. ①数… Ⅱ. ①刘… ②高… ③沈… Ⅲ. ①数学—
少儿读物 Ⅳ. ①O1-49

中国版本图书馆CIP数据核字(2015)第130559号

内 容 提 要

你知道数是怎样产生的吗？0、分数、小数、负数又是怎样出现的？一对兔子一个月可以繁殖
多少对兔宝宝呢？

《数学多大点事儿》从孩子们的理解能力出发，按照数学的发展历程，循序渐进地介绍了最基
本的数学知识和学习数学的基本方法，其中包括一些数学概念的起源与发展，中外数学家的逸事、
趣闻，流传久远的数学民间传说，还有风靡世界的数学难题等。

这是一本为孩子们而写的数学学习入门小书，它与一般的数学书籍不同，不是板起面孔谈数学，
而是融科学性、趣味性于一体，使初中和小学高年级学生在轻松愉快中学到数学知识。教师和家长
也可使用此书辅导孩子学习数学，激发他们探究数学的好奇心和学习数学的兴趣。

◆ 编　著　刘行光　高　慧　沈敏庆
　　责任编辑　李宝琳
　　执行编辑　任佳蓓
　　责任印制　焦志炜

◆ 人民邮电出版社出版发行　　北京市丰台区成寿寺路 11 号
　　邮编　100164　电子邮件　315@ptpress.com.cn
　　网址　http://www.ptpress.com.cn
　　固安县铭成印刷有限公司印刷

◆ 开本：800×1000　1/16
　　印张：11　　　　　　　　2015 年 7 月第 1 版
　　字数：130 千字　　　　　2024 年 4 月河北第 22 次印刷

定价：29.00 元

读者服务热线：（010）81055656　印装质量热线：（010）81055316
反盗版热线：（010）81055315
广告经营许可证：京东市监广登字20170147号

一本书让你爱上数学

　　亲爱的同学们，你们可还记得，从很小的时候起我们就开始和数学打交道了。比如，我们从小就留意哪个苹果大，哪个苹果小；哪堆糖果多，哪堆糖果少；哪个小朋友的个子高，哪个小朋友的个子矮；哪个孩子跑得快，哪个孩子跑得慢……这些都是数学概念的萌芽。随着我们逐渐长大，开始上学，从小学到中学，又从中学到大学。不管年龄和学历怎样变化，几乎每年都要上数学课，天天都要做数学题。走上工作岗位之后，我们也要不断充实新的数学知识，运用它解决科研、生产和生活中的各种问题。

　　在一个人青少年时期的宝贵光阴中，学习数学竟要占去那么大的比例，足见数学作为一门基础学科有多么重要了。可以说，几乎没有哪一门自然科学、技术科学和哪一个生产领域离得开数学知识，就连人文和社会科学也需要数学知识的辅助。我国著名的数学家华罗庚教授说过："宇宙之大，粒子之微，火箭之速，化工之巧，地球之变，生物之谜，日用之繁，无处不用数学。"

既然数学对人类社会如此重要，我们就要花费很多时间学习这门科学，而且一定要把它学好。这就要求我们从小培养对数学的学习兴趣和钻研精神，训练敏捷的思维和严密的逻辑推理能力。但是，现在初中数学教材所涵盖的内容有限，并且由于篇幅的限制，数学课本不仅简略或淡化了知识的发生、发展过程，还割舍了一些能够激发学生学习兴趣的材料。正如数学家弗赖登塔尔所说："没有一种数学的思想，以它被发现时的那个样子公开发表出来，一个问题被解决后，相应地发展为一种形式化技巧，结果把求解过程丢在一边，使得火热的发明变成冰冷的美丽。"

我们编辑出版本书，目的在于揭开数学的严密逻辑性及高度抽象性这层面纱，使大家看到它趣味无穷的面孔，提高青少年读者对数学的兴趣，增长同学们的数学知识。

《数学多大点事儿》内容丰富、形式多样，包括数学小史，中外数学家小传、逸事、趣闻，还有流传久远的民间传说。它既考虑了初中知识的相关性和层次性，又兼顾了数学的趣味性，使青少年在轻松愉快中学到数学知识，在不知不觉中步入神奇的数学世界；它会改变同学们认为数学枯燥无味、难以学好的错误看法，从而提高大家学习数学的兴趣。

在本书的创作与编写过程中，我们得到了众多优秀教师的帮助，李志国、张华锋、张培举、霍朝沛为本书提供了大量资料，霍启成、徐龙、彭方超对本书的部分章节做了修订，在此一并表示衷心的感谢。全书由刘行光、高慧、沈敏庆统撰定稿。由于编者水平所限，错误和疏漏在所难免，恳请读者批评指正。

希望本书能够激发孩子们探究数学的好奇心和学习数学的兴趣，帮助孩子们及早打开学习数学的大门，为今后的学习和发展铺路搭桥。

目　录

数是怎样产生的

数，作为人类对物体集合的一种性质的认识，是人类以长期的生产生活经验为依据的历史发展结果。

远在原始社会，人类以狩猎、捕鱼和采集果实为生，食品的有无自然是他们最为关心的事情。因此，"有""无"概念的形成，是自然而又必然的结果。

甲骨文中的数字

"有"是存在的一种形式，有多少才是这种形式下的一个具体内容。因此，对"有"认识的进一步加深，产生了"多""少"这两个概念。但"多""少"是相对的，它无法明确地表达某事物量的特征。严格地说，"多""少"这两个概念并没有在刻画量的特征上比"有"这个概念有多大的进步。不过"多"与"少"毕竟已经摆脱了人们对量的孤立认识，而进入了事物间联系的比较过程，这是了不起的进步。有比较才有鉴别，对事物量的具体表示，正是在这种比较中鉴别出来的。

两个集合之间元素个数多与少的比较，最直接而又合理的办法是建立两个集合元素间的一一对应关系。通过一一对应，不仅可以比较出两个集合之间量的大小，更重要的是还可以发现相等关系。这是"数"的概念产生的一个关键性步骤。

两个集合量的相等关系，就是等数性。对集合间等数性的认识，是人类对物体集合进行定量分析的第一个阶段。在这个阶段中，人类经过了一个使用自身器官、贝壳、石子、树枝等专门用作与被计数集合进行比较的"专用集"（即计数器）过程。从现存的一些古老的民族文化中我们可以看到，人类所使用的最早的计数器是自己身上的手、耳、脚等。人们通过手、耳、脚与被计数集合间量的比较，就可以了解被计数集合中元素的个数——尚未抽象的数。比如，某集合中的量（个数）与耳朵一样多（有等数性），那么就称这个集合中元素的个数为"耳"，据说汉语中的"二"的读音就出自于此。在某些少数民族语言中，"二"有"翼"的意思，那是因为鸟的翅膀有两只。如果个数与一只手的手指一样多，则称这个集合的元素个数为"手"，印度佛教用语中的"五"与波斯语的"手"就很相近。如果个数与整个人的手指与脚趾一样多，则称这个集合的元素个数为"整个人"。这里，像"耳""手""整个人"这些词可以说是数的雏形，它们的实际内容是"像耳朵一样多""像手指那样多""像整个人身上所有的手指和脚趾那样多"，而不是抽象的"2""5""20"这些数。在一些民族的原始文化中，同一个数常常有不同的名称，用于计算不同种类的物体，例如，一些名称是用来计算牛羊数的，一些则是用来计算人口数的。显然，这些计数方式还不是严格意义下的抽象的数，而是分别属于一定种类物体的"有名数"。

抽象的数的概念是在摆脱物体的各种具体属性之后产生的，其重要特点是采用统一的计数器来计量各种不同物体的集合量值（个数）。"计数器"的一个重要作用，是揭示两集合之间元素个数的"多""少"。我们知道，当两个物体集合中元素数量相近，可以直接通过——对应比较多少的时候，人们一般采用直接比较的办法来判断。然而当两个集合中元素数量不可直接比较时，计数器就显得很重要了。在人类文明发展的早期，在某一集合中，人们每取出一个物体，就放上一个贝壳或树枝，或者在兽骨上刻一个痕迹，以此来计数。如果甲、乙两个集合所放的贝壳数或所刻的痕迹数相同，那么人们就认为它们之间元素的个数相同；否则就是放贝壳多的集合的元素个数多。这样，经过世世代代千百万次的重复比较，一种脱离了各种集合元素具体特征的数量属性，从贝壳、石子、树枝、痕迹等计数器的使用中抽象出来了。

人们要把比较所得的结果记录下来，就需要记数。在使用文字以前，许多民族用给绳子打成各式各样的结扣来记数：事情大就打一个大结扣，事情小就打一个小结扣，结扣的多少表示数量的多少。后来逐渐有了代替实物的符号，例如，用刀在实物上刻道印来代替实物打结。比如说，三头牛、三棍木棒、三把石斧……这些是不同的事物，但它们却有一个共同的特点，就是都能和三个手指头"一对一"地配搭起来。如果把牛、木棒、石斧等的具体属性暂时撇开，就可以用符号"≡"来表示它们的共同特性。这种方法叫作象形记数法。

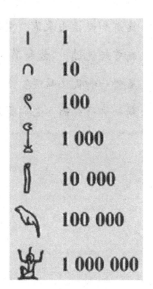

其实，几乎每一个民族在远古时期都有自己的记数符号。早在四五千年前，古巴比伦人用有棱角的木片在泥板上压出各种有棱角的符号记数。古埃及人将象形数字雕刻在石器或木器上，例如，"一"的记号像一根木棒；"一百万"的记号是一个人高高地举起双臂，好像在说这个数真大啊！

古埃及数字

随着语言、文字的日渐进化，象形文字也在不断地发展变化着。经过了漫长的岁月后，人类文明进程中出现了今天所使用的数字符号——1，2，3，4，5…它们叫作自然数。自然数是人类从现实世界中得出的第一个"数字系统"。

知识小链接

数字起源的猜测

关于数的起源，要追溯到遥远的古代。因为年代太久了，人们自然会对其有各种各样的猜测和幻想。有人认为，"上帝"是万物的起源，他创造了地球和人，也把数赐给了人类。直到 19 世纪 70 年代，德国有一个名叫克隆尼克的人说："整数是被亲爱的上帝制造的，其他都是人的工作。"也有人认为，数是人类从感性经验中提炼和概括出来的，它既不是"上帝"的恩赐，也不是"天才"人物的发现。恩格斯曾经说过："数和形的概念不是从其他任何地方，而是从现实世界中得来的。"到底哪一种说法对呢？我们认为，数的概念不是从天上掉下来的，数的系统也不是一朝一夕形成的，它们是人们在认识大自然的漫长岁月中逐渐形成的。

数字旅行家——阿拉伯数字

我们小时候就认识"1，2，3，4，5，6，7，8，9，0"这几个数码，人们叫它们"阿拉伯数字"，其实应该叫作"印度—阿拉伯数字"。为什么要这样说呢？

"印度—阿拉伯数字"的演变，经过了一段漫长而复杂的过程。

最初，印度人用印度古代文字（也叫梵文）的字头表示数码。公元 2 世纪，数码被写成了下面的形状。

2 3 4 5 6 7 8 9

其中没有"1"的写法。经过几百年的演变，公元 8 世纪后它们的写法变为下面的形状。

1 2 3 4 5 6 7 8 9 0

人们把它们叫作德温那格利数码。

公元 8 世纪中期，阿拉伯人建立了阿拔斯王朝，并定都于巴格达。随着国家的强盛，巴格达也越来越繁荣，科学文化获得了蓬勃的发展，许多国家的商人、学者从世界各地纷纷聚集到那里。那时，印度有一位名叫堪克的数学家，他访问了阿拔斯王朝，并把印度的天文图表和印度数字带到了巴格达。阿拔斯王朝的统治者对他带来的数学书很感兴趣，于是下令把那些书翻译成阿拉伯文。随着这些书的流行，印度数字就在阿拉伯人的世界广泛传播开了。

到哈里发麦蒙（约 813—833 年在位）时代，阿拉伯帝国著名的天文学家、数学家花拉子密（约 780—850 年）在其所著的《还原与对消的科学》一书中，首次详细介绍了印度数字，并指出其优点。花拉子密认为，10 个印度数码可以组成任何数字，尤其是"0"可以用来填补多位数中个位、十位或百位等数字的空白；如果用其他方法则需在空位填写许多符号，不仅书写不便，运算更是困难。因此，花拉子密主张使用印度数字代替阿拉伯原来的字母记数法。由于经济、文化等活动的需要，简洁的印度数字和简便的十进位运算方法很快被阿拉伯人接纳了。12 世纪时，花拉子密的《还原与对消的科学》被巴斯人阿德拉译成了拉丁文。

天文学家、数学家花拉子密

随着中世纪西欧经济的繁荣，西方商人到东方经商的越来越多。意大利商人斐波那契，幼年时跟随他的父亲在非洲北部接受过当地伊斯兰学校的教育，青年时又旅行到地中海各地，熟悉了各种商业算术。他认为使用印度数字最方便，并在 1202 年写成了《算盘书》，详细地论述了十进位记数法的优越性。

斐波那契的书不同于以前关于数字算法的各个翻译本，他针对当时商业社会的迫切需要，介绍了适合的算法，掀起了算术课程的革新运动。此后，印度数字便普及于意大利各城市。之后，欧洲人逐渐放弃了繁复的罗马数字，而使用印度数字。欧洲人只知道这些数字是从阿拉伯传来的，所以将它们叫作阿拉伯数字。

印度—阿拉伯数字在欧洲经过了若干年的演变，到 13 世纪，君士坦丁堡（现在的伊斯坦布尔）的僧人普兰尼达的书中又写成了下面的形式。

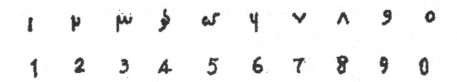

15 世纪，中国的印刷技术传到了欧洲。1480 年，英国的卡克斯敦出版的印刷本中的数码，就已相当接近现代的写法了。

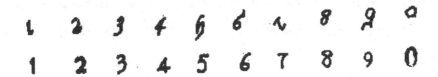

到了 1522 年，印度—阿拉伯数字在英国人同斯托的书中才和现在的写法基本一致，以后这种形式就渐渐地固定下来了。

在 13、14 世纪时，印度—阿拉伯数字传入我国，但它迟迟未能被人们采纳和应用。因为我国自古以来是用筹算式数码记数法计算的，它和阿拉伯数字一样，都是十进位制。它们的效果相同，而且汉字"一、二、三、四……"笔画简单，也易写，一时还看不出阿拉伯数字的优点。直到 20 世纪以后，我国才采用了国际通用的阿拉伯数字。

知识小链接

跳水比赛中的阿拉伯数字

跳水比赛紧张精彩，技术性较强，许多人都爱观看。但是，很多人都对跳水比赛中的一连串阿拉伯数字感到费解。

其实，这些数字是用来命名跳水动作的。根据运动员的站立方向、起跳方式和翻转轴的不同，人们把跳水动作分为六组。

第一组：面向水池向前跳水，代号为 1。动作号数 101~116，难度系数为 1.4~3.5。

第二组：面对板台向后跳水，代号为 2。动作号数 201~213，难度系数为 1.5~3.4。

第三组：面对水池反身跳水，代号为 3。动作号数 301~313，难度系数为 1.6~3.5。

第四组：面对板台向内跳水，代号为 4。动作号数 401~413，难度系数为 1.3~3.4。

第五组：转体跳水，代号为 5。动作号数 5 111~5 434，难度系数为 1.5~3.3。

第六组：倒立跳水，跳台专用动作，代号为 6。动作号数 601~634，难度系数为 1.5~2.6。

无论跳水动作多么复杂，其空中动作姿态只有直体、屈体、抱膝三种，动作代号为甲、乙、丙。另外，所有转体的空中姿态代号都为丁。例如，代号为"5 132（丁）"的动作，其中的"5"表示转体跳水；"1"表示用向前跳水的起跳方式和方向；"3"表示翻腾周数为一周半；"2"表示转体周数是一周。

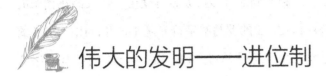

伟大的发明——进位制

我们知道，数在最开始的时候是为了数出物体的个数而被创造出来的。但是，随着需要计数物体的增多，人类不可能给每一个数都设定一个独立的名称和记号，因为这既不好记忆又不好设定，该怎么办呢？聪明的人类在实践了很久之后，终于想出了一个办法——采用进位制来表示数字。

我们常用的无穷无尽的自然数都是由"0，1，2，3，4，5，6，7，8，9"这十个数字按一定的规律组成的，这个规律就是十进制，即较低数位上的十个单元组成较高数位上的一个单元。也许有的同学会问，为什么是较低数位上的十个单元才能组成较高数位上的一个单元，而不是两个、三个或二十个呢？

其实，为什么逢十进一，谁也说不清楚。不过据推测，逢十才进一可能与我们的一双手有十个指头有关。在文明极不发达的原始社会，双手是人们最方便的计数工具，所以在计数的时候很自然地就会逢十才往前进一位。这种推测并不是没有道理的胡乱猜测，在现今使用的很多语言上，都保留了十进制与人的手指有关的证据。比如，英语中的"digit"，既可以当"数字"讲，也是"手指"的意思。同样的例子还有许多，有兴趣的同学可以自己找找看。

当然，除了十进制，还有许多别的进制，比如 1 分钟等于 60 秒，1 小时等于 60 分钟，这些是现在还保留的典型的六十进制的例子。其实，六十进制早在四五千年前的古巴比

伦就开始被使用了。此外，还有二进制、五进制、十二进制、十六进制……这些进制在古代也曾被使用过，不过现在几乎没有人会在初等数学里用到它们。

五进制曾被美洲大陆、西伯利亚北部和非洲的许多民族普遍使用，今天尚在使用的罗马记数法中仍可见到五进制的痕迹：1，2，3的罗马数字符号是Ⅰ，Ⅱ，Ⅲ；4，5的罗马数字符号是Ⅳ，Ⅴ；6，7，8的罗马数字符号是Ⅵ，Ⅶ，Ⅷ；9，10的罗马数字符号则是Ⅸ，Ⅹ。

十二进制在记数史上也曾风光一时。为什么人们会选用12呢？因为12是所有两位合数中除10外最小的一个，它虽然比10大2，约数却比10要多两个。约数越多，用它做除法时，整除的机会就越多，就这一点而言，它比十进制要优越。在现代生活中，十二进制的痕迹也是随处可见：一打就是12个，一先令是12便士等；英语中1~12的单词，其词根都不相同，13以上的单词词根则出现循环重复现象。

至于十六进制，相信大家也不陌生，中国古代有个成语"半斤八两"就是十六进制的绝好体现。什么是"半斤八两"呢？就是旗鼓相当、大家都一样。可见在中国古代，半斤就等于八两，那么一斤就是十六两了。其实，十六进制在别的国家也同样被使用过，而且在计算机技术飞速发展的今天，由于$16=2^4$这一特殊性，十六进制已经被用于计算机上作为十进制和二进制之间的一个过渡进制，它正发挥着更加巨大的作用。

上面谈了十进制、五进制、十二进制、十六进制、六十进制，却没提到二进制这个当今计算机时代的宠儿。二进制到底是怎么回事呢？下面就给同学们说说二进制的起源与发展。

二进制最早出现在我国。公元前一千多年，商纣王暴虐无道。为了排除异己，他将周族领袖姬昌（即周文王）无辜拘禁。姬昌忍辱负重，潜心推演出著名的《易经》一书。书中有这样的语句："易有太极，是生两仪，两仪生四象，四象生八卦。"意思是说：

一分为二，二分为四，四分为八。用现在的数学式子表示，就是 $2^0=1$，$2^1=2$，$2^2=4$，$2^3=8$。$2^0=1$ 可理解为 2 尚未分时是 1，$2^1=2$ 可理解为 2 分一次后为 2，依此类推，可解释剩余的式子。八卦是大家都很熟悉的名词了，它实际上就是整个《易经》一书符号系统的基础。八卦由两种基本的卦画——阳卜"—"（肯定）与阴卜"— —"（否定）——的不同排列组合而成，恰与二进制数码相对应。

因此，《易经》中的符号系统，实际上就是一个二进制的符号系统。很可惜这一点不是由中国人最早看出来的，而是由计算机二进制的发明人莱布尼兹首先看出来的。据说，1701 年，莱布尼兹为了研制乘法计算机而苦苦思索。当他正处于"山重水复疑无路"时，他的好友法国传教士鲍威特将收集到的中国《参同契》中的两张"易图"（伏羲六十四卦次序图、伏羲六十四卦方位图）寄给了他。从这两张图中，莱布尼兹得到了启示，他进入了"柳暗花明又一村"的佳境，终于发明了二进制。莱布尼兹对《易经》的评价极高，当他发现几千年前的《易经》中的符号系统与二进制不谋而合时，心情很激动。他说："易图是流传于宇宙间所有科学的最古老的纪念物。"迄今为止，《易经》中的很多道理都未被人们完全掌握，可见中国古代人的智慧有多么了不起。

二进制只需"0"和"1"两个数字就可以表示一切数字，这对于机器来说最为有利。因为二进制只要找到一个具有两种稳定状态的元件就可以实现，这种元件还是很多的，比如电键的打开与闭合等。而其他进位制需要具有多种稳定状态的元件才能实现，这在技术上是较难实现的。另外，二进制的运算很简单，可以大大提高运算速度，对一位数而言，二进制的加、乘运算分别只有四种情况，而十进制则有 100 种情形。而且二进制不但可以进行数字运算，还可以表示"是"和"否"，所以它便成了计算机的宠儿，在现今的科技发展中起着举足轻重的作用。

各种进位制差不多介绍完了，相信大家对于进位制一定有了一个初步的了解。这

些进位制构成了简单方便的表示数以及数值计算的方法，使得数学成为一种无国界的科学。

知识小链接

读错数字带来的困惑

　　古希腊哲学家柏拉图，曾经根据雅典的伟大政治家和诗人梭伦的回忆录，讲述了一个关于亚特兰蒂斯岛（大西岛）的故事。这个故事说：在比梭伦那个时代早9 000年的时候，有一次，巨大的灾难降临到亚特兰蒂斯岛，这个岛连同它的全体居民突然沉没到海里去了。据说，这个岛的面积是800 000平方英里（1平方英里≈2.59平方千米），因此，柏拉图不得不把它的位置安排到大西洋里去（大西洋这个名称就是这样得来的），因为整个地中海也容纳不下这么大的一个岛。近代人们对地中海海床进行地质考察后表明，在地中海确实曾经发生过一次非常巨大的火山爆发，它使米诺斯文化突然毁灭掉了。但是，这个事件大约发生在公元前1 500年，也就是说，只比梭伦那个时代早900年，而不是早9 000年。不仅如此，柏拉图在他写的《克利蒂亚斯》一书中描述的那个四面环山的肥沃平原，长3 000斯达提亚（古希腊的长度单位，1斯达提亚 = 600英尺，即不到200米），宽2 000斯达提亚。但是，如果把这个大小减为300×200，其面积正好同克里特岛上的梅萨拉平原相符。可见，使许多古代学者迷惑的大西岛之谜，是由于人们读错了古埃及数字而产生的，人们把位值提高了一位（把100读成1 000等），使梭伦因数量相差九倍而犯了错误。其实，大西岛就是希腊南部的克里特岛。

哥伦布鸡蛋——0 的故事

    在 10 个阿拉伯数字中，"0"也许是最特殊的了。正确地认识"0"的意义是非常重要的。"0"是"零"的符号，从数量上说，它代表着"无"。同学们在计算 5-5=0 时，用的就是这一含义。然而，它不仅仅表示没有的意思。例如十进制中的"10"，其中的"0"一方面表示个位上的"无"，另一方面又指出左边的"1"在十位，代表的数值正好是原来的十倍。引入正、负数以后，"零"作为一切正数和负数之间的界线，成了既不正又不负的唯一真正的中性数。解方程时，我们经常需要把方程整理成所有项都在等号一边而另一边为零的形式。研究多项式的性质时，多项式的零点是最值得注意的对象之一。恩格斯说过："'零'比其他一切数都有更丰富的内容。"

西班牙著名航海家哥伦布

    在我们今天看来，没有"零"的数学简直是难以想象的，可是历史上"零"的出现，特别是符号"0"的出现，却经历了非常曲折的过程。正因为如此，数学史家曾形象地把"0"比作"哥伦布鸡蛋"。

    哥伦布是 15 世纪末西班牙著名的航海家，他历尽千辛万苦发现了美洲新大陆。返回西班牙后，他受到了百姓的欢迎和王室的奖赏，同时也遭到某些王公贵族的忌妒。在一次宴会上，有人鄙夷地说："到那个地方（指美洲新大陆）去有什么了不起？只要有船，谁都能去。"哥伦布并未反驳，只是拿起一个熟鸡蛋问道："谁能把这只鸡蛋用尖的那头竖起来？"许多人试过之后都说不能，只见哥伦布拿起鸡蛋在桌上轻轻地敲破了一点壳，它就竖了起来。于是又有人不服气地说："这谁不会？"哥伦布回答道："在别人没有做之前，谁都不知道怎么做；一旦别人做了之后，却又认为谁都可以做。"这就是流传了五百多年的"哥伦布鸡蛋"的故事。

新事物刚诞生的时候，总会遇到各种各样的困难和挫折，一旦有人开了头，仿效起来也就容易了。"0"的出现便是这样。

"0"的出现与采用十进制记数法有着密切的关系。在这种记数法中，每个数所代表的多少，一方面与数字本身有关，另一方面又与它在什么位置上有关。例如，"2"在个位上表示 2，在十位上就表示 20，若在百位上则表示 200……这就是所谓的要知数之多寡先识其位的道理。使用这种记数法，当某一位上一个单位也没有时，由于不能用 1，2，3，…，9 这些数字符号来表示，就出现了"空位"。比如"308"，其十位上是一个缺位，如果不加以表示，就难以和"38"区别。在古印度，308 曾被表示成"3 8"，中间所空的格表示其十位上没有数字，以便与"38"区别。这里的空位虽然没有数字符号，但却有内容，它显示了 3 和 8 的位置，使 3 表示"300"，而 8 表示"8"。这实际上是一种以不表示为表示的方法。

873190783

– 873190783

筹算中以空位代表零

然而，空着不写的做法是有缺陷的，这很容易使"308"与"3008"等数字混淆不清。若在纸上写"3 8"，谁知道中间表示几个空位呢？为了表示这样的空位，古代人想了很多办法。

　　零的符号最早出现于印度。大约在公元 6 世纪时，印度人曾用"·"表示空位，把 308 表示成"3·8"。后来，小圆点才慢慢演变成"0"，并随着其他印度数字传入阿拉伯和欧洲，逐渐形成了现今世界通用的印度—阿拉伯数字。当印度数字还没有流行于欧洲之前，那里除了有希腊和斯拉夫等民族的数字外，普遍流行的要算罗马数字了。但令人奇怪的是，在罗马数字里，至今仍没有表示"零"的符号，这是为什么呢？

　　原来在公元 6 世纪的时候，"0"已经来到罗马帝国了。可是，当时保守的统治者在法典里规定："至于应当批判的数学，应当彻底禁止其传播。""0"是被统治者禁止使用的数字。他们宣称："罗马数字是上帝创造的，它是可以表示任何数的和谐系统，任何人不得随意添加和更改。"一位罗马学者从一本天文书中知道了阿拉伯数字，并对"0"特别感兴趣。这位学者不顾统治者的法令，在一本精致的小册子上抄下了关于"0"的介绍，并指出了它在记数、运算方面的优越性。不幸的是，这件事被人告了密，结果这位学者被送进了监狱，施行了残酷的拶刑，他永远失去了握笔写字的能力。然而，新的正确的东西是不可战胜的，封建镇压并未能阻止"0"的传播。由于罗马数字使用起来极不方便，它最终不得不让位给灵巧的印度—阿拉伯数字。

　　我国古代用算筹计算时，人们采用不放筹的办法来表示位值计数法中的"零"。大约 8 世纪初，印度数码随天文学一起传入中国。然而，这种印度数码当时并没有被我国所重视，传入后就被人们搁置了。

　　唐、宋时期，我国数学高度发展，为了避免混淆，人们写出有形的记号来表示缺位。当时人们有借用"□"表示脱落文字的习惯，于是也用"□"表示空位。"□"写得快了，就无意中写成了"○"。这与现代使用的零的符号"0"，除了一个稍圆，一个稍扁外，已经没有什么区别了。中国的"○"虽然比印度的"0"晚出现了两个世纪，但在当时的世界上仍处于领先地位。

　　有趣的是，汉字"零"公元前就已经出现了，它比数码符号"○"早一千多年，但是其原义并不含有"空"和"无"的意思，而是指雨后的小水滴，后来引申为"零头"的意思。我国古代早就把206读作"二百零六"，意思是除了二百以外还有个"零头"六。之后，因为206又写作"二百〇六"，"〇"也就随之读作"零"了。巧得很，"〇"的外形也颇像个小水滴，恰好与"零"的原意不谋而合。

 知识小链接

0在数学中的作用

"0"不仅在记数中表示空位，在小学算术里，还表示"什么也没有"的意思。实际上，0还扮演着许多重要的角色，比如说0.95里如果没有0，就显示不出整数和小数的界限；5后面添上一个0成为50，恰为原数的10倍；由汽车号码00028马上可以知道，某市汽车的最高号码是五位数。

在近似计算中，0还有着不可忽视的作用。如果用0来表示精确度的话，小数末尾的0不能够随便去掉。例如，工人师傅加工两个零件，要求一个长为16毫米，另一个长为16.0毫米。前者表示精确到1毫米，即加工的实际长度 l 为15.5毫米≤ l <16.5毫米，都可以认为是合格的；后者表示精确到0.1毫米，即加工后的实际长度 l 为15.95毫米≤ l <16.05毫米才能被认为是合格的。显然后者的加工精度比前者要高。大家看，只是末尾一个0之差，就产生两种不同的要求。可见，0的作用真是不小啊。

有趣的分数会捣鬼

把一个单位平均分成 n 份，每一份就是 $\frac{1}{n}$。相信这是大家从教材上接触的最早的分数，也可称为单分数。然后我们便逐渐知道分子不一定总是 1，了解分数之间的加、减、乘、除运算以及分数构成的许多令人深思的例子。

分数的概念起源于连续量的分割。在中世纪的俄国和英国，分数被称为"破碎数"，而中文中的分数，就是"分开的数"的意思。人们最初认识的分数并不像现在一样连续，而仅仅是几个孤立的数，如 $\frac{1}{2}$，$\frac{1}{3}$，$\frac{1}{4}$ 等。在古代，人们又把 $\frac{1}{2}$ 称为"半"，$\frac{1}{3}$，$\frac{1}{4}$ 分别被称为"少半"和"大半"。

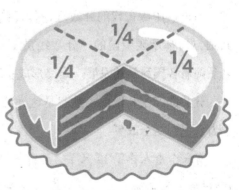

蛋糕取走四分之一，还剩四分之三

在世界数学史上，古埃及人给出了最古老而又较完整的分数的表示方法。单分数是在整数 n 的上面画一个"⬭"，以表示 $\frac{1}{n}$；其他分数用单分数的和来表示。这比起仅认识孤立的分数来说已经进步了很多。但是这种表示方法太复杂也不便于运算，而且也

影响了数学的发展。

　　大约在战国末期，中国的数学家开始将分数的概念建立在两数之比的基础上。这是分数发展史上的一个重要阶段。由于把分数看成两数之比，那么一个比式（也就是一个除式）便可以看成一个分数表示式。古代筹算表示法是将被除数置于除数上面，它与现在分数表示法不同的是少一条分数线。古代，带分数与现在的区别是整数部分在分数部分的上面，而不是在左面。在约定俗成的情况下，这些都只是表示法的问题，对于运算的准确性和简捷性没有任何阻碍。由于分数的概念建立在两数之比的基础上，分数的一切运算都可以从这个出发而得到合理的解决，这就得到了现代分数计算法则的一套具有中国特色的分数理论，这些都已经被《九章算术》记载在内。而国外直到 1202 年，才由意大利科学家斐波那契在《算盘书》一书中对分数进行了较系统的介绍。这也是欧洲最早的一部关于分数理论的书，它比《九章算术》要迟一千多年。

　　后来，中国古代的分数理论传播到印度。印度人除了将筹算法则改成笔算法则外，其他方面都承袭中国的。分数线是 12 世纪后期，在阿尔·哈萨的著作中首次出现的。之后随着各国科学的发展，最终形成了现在人们所使用的分数理论。

　　分数的产生和发展大致就是这样的。分数的概念还引申出了很多趣味分数问题，不信看看下面这个故事。

　　有一个老人养了 17 只羊。他有三个儿子，在临终时，他嘱咐三个儿子说："我死后，17 只羊，分给老大 $\frac{1}{2}$、老二 $\frac{1}{3}$、老三 $\frac{1}{9}$。"然后他就咽气了。三个儿子安葬完老人后，便开始分羊了。可是分羊时却遇到了困难，因为 17 这个数，无论以 2，3 或 9 去除都不能除尽，怎么办呢？正在大家冥思苦想的时候，老人生前的一个朋友牵着一只羊过来了。他看到老人的三个儿子愁眉不展，便问他们缘由。这个人了解情况后想了一想，哈哈大笑，他胸有成竹地说："把我的羊借给你们，连它一起分吧。"三个儿子觉得白拿别人的东西不好，可是在无法可想的情况下，只好恭敬不如从命了。于是，老大牵走 9 只羊，老二牵走 6 只羊，老三牵走 2 只羊，还剩下 1 只羊正好被老人的好友牵走了。三个儿子一想，似乎不用那只羊也能分，可是为什么自己事先不知道该怎么分呢？

其实，这中间就是分数捣了一点鬼。大家看下面的计算：

$$\frac{1}{2} + \frac{1}{3} + \frac{1}{9} = \frac{9}{18} + \frac{6}{18} + \frac{2}{18} = \frac{17}{18}$$

实际上，三个儿子分的羊达不到被分羊的总数，他们应该将 17 只羊全部分了，所以不应该按照 $17 \times \frac{1}{2}$，$17 \times \frac{1}{3}$，$17 \times \frac{1}{9}$ 的方法去计算，而应该按照 $\frac{1}{2} : \frac{1}{3} : \frac{1}{9}$ 先求出这三个人分配的比例，即 9:6:2，然后按老大 $\frac{9}{17}$、老二 $\frac{6}{17}$、老三 $\frac{2}{17}$ 的比例分，这样问题就可以得到圆满的解决了。

同学们都明白其中的道理了吗？以后如果再碰到类似的问题，要好好了解分数的含义，再去解决问题。

与分数有关的趣味问题还有很多，感兴趣的同学可以找一些同类题目来锻炼一下自己。

知识小链接

极其光辉的一页

中国是世界上文明发展最早的国家之一，中国古代人对于分数的研究在世界数学史上有着极其光辉的一页。

在春秋末期成书的《考工记》里就记载了有关分数的宝贵资料。例如，书中在谈到"制造车轮"问题时，有"十分寸之一为一枚"的词句，这句话的意思是 1/10 寸等于 1 分。这种"十分寸之一""十分寸之二"的记法，是中国古代人记写分数的普遍方法。

《考工记》书影

在西汉时期的著名算书《周髀算经》中，"盖天派"认为一年的天数是 $365\frac{1}{4}$ 天，这叫作"四分历法"。该书又拟定一年的月数为 $12\frac{7}{19}$ 个，照此推算下去，每隔 19 年就多出 7 个月，这是 19 年 7 闰的记年方法。

到了公元 1 世纪，我国又有了一部数学专著叫《九章算术》。在其"方田"章中，系统地谈到了通分、均分和比较分数大小的方法，并给出了分数的加、减、乘、除运算法则。特别应当指出的是，这些分数计算法和现代采用的方法基本上是一致的。

半边黑半边红的小数

数学中有关计算技术的重大发展，是以十进制记数法、十进小数以及对数这三大发明为基础的。其中的十进小数也就是现代意义上的小数的完整称呼，而且正是由于小数的出现，才使得分数与整数在形式上获得了统一。

同学们都知道，分数和小数是可以互相转化的，而且从属性来说，小数属于分数的范围。由于中国是分数理论发展最早的国家，十进小数首先在中国出现。那么，小数是怎样产生的呢？刚开始产生的小数和现在的表示方法有什么不同呢？

其实，小数主要是由于开平方运算的需要而产生的。在著名的《九章算术》中，我国数学家刘徽在注释如何处理平方根问题时就提出了小数："凡开积为方……求其微数。微数无名者以为分子，其一退以十为母，其再退以百为母。退之弥下，其分弥细……"

数学家刘徽

这段话的意思是，在求出平方根的个位数后，继续开方，平方根个位以下部分的表示法为将逐次开方所得数为分子，分母分别是十、百、千、万……从这段话可以看出，刘徽虽然将小数称为"微数"，也没有正式提出小数的概念，却揭示了小数的本质。与现代意义上的小数的概念相比，他的表述也只差在小数的符号与形式上。这就是最初的小数。

可惜在刘徽以后的一千年里，并没有更多的数学家去完善小数的概念。那么，是什么原因阻碍了小数的发展呢？英国皇家学会会员、著名科学史学家李约瑟认为："《九章算术》对中国数学的影响之一，是完备的分数体系阻碍了小数的普及。"

原来，在我国第一部数学专著《九章算术》中，使用了完整的分数体系解算数学问题，使人们感到有了分数就行，没必要再引入小数了。直到元代，刘瑾才把小数的研究向前推进了一步。他在《律吕成书》中提出了世界上最早的小数表示法——把小数部分降低一格来写。

15 世纪上半叶，政治家和学者兀鲁伯在撒马尔罕建立了天文台，并聘请伊朗数学家阿尔·卡西到天文台工作。阿尔·卡西在天文台工作期间，写下了大量的数学和天文学著作。他在《圆周的论文》里，第一次发现了小数，并且给出了小数乘、除法的运算法则。他使用垂直线把小数中的整数部分和小数部分分开，在整数部分上面写上"整的"。有时他把整数部分用黑墨水写，而小数部分则用红墨水写。

16 世纪初，在荷兰工作的工程师西蒙·斯蒂文深入研究了十进制小数的理论，并创立了小数的写法。斯蒂文用没有数字的圆圈把整数部分与小数部分隔开，小数部分每个数后面画上一个圆圈，记上表明小数位数的数字，比如把 3.287 写成 3 ○ 2 ① 8 ② 7 ③。这种表示方法使小数的形式复杂化，而且给小数的运算带来了很大的麻烦。

1592 年，瑞士数学家布尔基对此做了较大的改进。他用一个空心小圆圈把整数部分和小数部分隔开，比如把 36.548 表示为 36。548，这与现代的表示方法已极为接近。大约过了一年，德国的克拉维斯首先用黑点代替了小圆圈。他在 1608 年发表的《代数学》中，将他的这一做法公之于世。从此，小数的现代记法被确立下来。

1617 年，耐普尔提出用逗号"，"作为分界记号。这种做法后来在德、法、俄等国广泛流传。至今，小数点的使用仍分为两派，德国、法国、俄罗斯等用逗号，英国以及美国等用小黑点（将逗号用作分节号）。例如 π 的数值，德国的写法是 3,141 592 653…
美国的写法则是 3.141 592 653…

18 世纪，我国逐渐用笔算代替了筹算，这时西方的小数记法也传了进来。1723 年，由康熙皇帝主持编纂的《数理精蕴》中就出现了小数点记号，编者把小数点放在整数部分的右上角。但是这种记法在当时并没有被普遍采用，小数的记法仍很杂乱。直到 19 世纪后期，小数记法的现代形式才在我国普遍流行起来。

知识小链接

刘徽的贡献

刘徽，我国魏晋时代数学家，生平履历不详，约活动在公元 3 世纪中叶。他出身于一般农家，一生未任官职，以数学研究为己任。刘徽从小聪明好学，幼时就能自学《九章算术》，成年后更是刻苦钻研，对中国数学传统和特点有很深的了解。公元 263 年左右，刘徽完成了名著《九章算术注》和《重差》一卷、《九章重差图》一卷。刘徽是我国最早主张用逻辑推理的方式来论证数学命题的人，他对《九章算术》中的命题，都一一给出了证明或说明。他一生刻苦探求真理，为我们留下了无价之宝。

负数的起源和发展

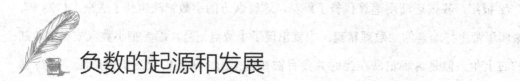

日期 DATE	注释 NOTES	支出(-)或存入(+) WITHDRAWAL OR DEPOSIT	结　余 BALANCE	网点号 S.N.	操作 OPER
11 20040105		2000.00			
12 20040126		-500.00			
13 20040218		-132.00			
14 20040221		500.00			
15					
16					
17					
18					
19					
20					

存折上的正负数

负数，顾名思义，就是正数的反义词。正数与负数表示一个事物的两个方面。比如买进 5 千克大米与卖掉 5 千克大米，盈利 5 元与亏损 5 元，向南走 5 米与向北走 5 米，同样是 "5"，意义却不相同。如果不注明买与卖、盈与亏、南与北，用同一个 "5" 去记载，那么就不能把这两种相反的意义表示清楚了。

负数就是因为这个原因而产生的吗？不是的。虽然说有了负数可以更清楚地表达这些量，但是即使没有负数，人们也可以在同一个数前用两个反义词来表示相反意义的量，所以根本没有必要为了这个而引入负数。其实，从数学史上来看，负数是由于解方程的需要而产生的，而且值得骄傲的是，世界上最早、最详细的记载负数概念和运算法则的是我国的《九章算术》一书。

《九章算术》"方程章"中的第三题是这样写的："今有上禾二秉，中禾三秉，下禾四秉，实皆不满斗。上取中，中取下，下取上各一秉而实满斗。问上、中、下禾实一秉各几何？"这段话的意思是：现在有上等的水稻2束，中等的水稻3束，下等的水稻4束，打成谷后都不满1斗。如果将上等的加入1束中等的，中等的加入1束下等的，下等的加入1束上等的，那么打成谷后都满1斗。问上、中、下等一束水稻各出谷多少？如果列方程，然后用《九章算术》中的"直除消元法"（类似加减消元法）计算，必然会出现零减去正数的情况，而要使运算进行下去，就必须引入负数（大家可以试一试）。这样，负数就被创造出来了。接着，《九章算术》中又提到了"正负数"，它是这样写的："同名相除，异名相益，正无入负之，负无入正之。其异名相除，同名相益，正无入正之，负无入负之。"其中前四句话讲的是正负数与零之间的减法：同号相减，异号相加，以零减正得负，以零减负得正。后四句话讲的是正负数与零之间的加法：同号相加，异号相减，以零加正得正，以零加负得负。很明显，这与现代的负数理论完全吻合。

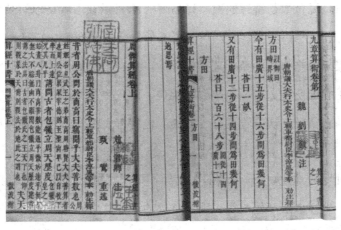

《九章算术》书影

在《九章算术》中还有一些题，也明确地提出了正负数的概念。如"方程章"的第八题："今有卖牛二羊五，以买十三豕，有余钱一千；卖牛三豕三，以买九羊，钱适足；卖羊六豕八，以买五牛，钱不足六百。问牛、羊、豕价各几何？"这是一个有买有卖的问题，如果不用负数，列方程比较困难。对此，《九章算术》中明确指出，若"卖"为正，则"买"为负；"余"为正，则"不足"为负，只要以此"用正负术入之"即可。这就有了正负数概念和运算法则。之后，随着多项式乘除的出现，元代科学家朱世杰建立了正负数的乘除运算法则。由此可见，在元代时我国正负数的四则运算已经臻于完整。

不过很可惜的是，虽然中国科学家最早引出了负数，并建立了基本完整的运算法则，但是真正在数学上给予负数应有地位的是欧洲科学家，如德国的魏尔斯特拉斯、戴德金等。欧洲是在 15 世纪才在方程的讨论中出现负数的。

负数在欧洲的发展经历了一个非常曲折的过程。15 世纪，负数在欧洲出现，但是到 18 世纪以前，欧洲数学家对负数大都持保留态度。他们忽略了正负数之间的辩证关系，而只看到了负数与零在量值上的大小比较（人们认为零是最小的数，而负数比零还小简直不可思议）。1484 年，法国数学家丘凯曾给出了二次方程的一个负根，不过他没有承认这个负根，而是说负数是荒谬的数。1545 年，卡丹承认方程可以有负根，但他认为负数是"假数"，只有正数是"真数"。英国皇家学会会员马塞雷（1731—1824 年）则认为方程中承认负根只会把方程的整个理论搞糊涂，只有把负数从代数里驱除出去，才能使代数在简洁明了和证明能力方面与集合相媲美。而且更可笑的是，为了在解方程的过程中避开负数，马塞雷把二次方程进行了分类，他将有负根的方程单独考虑，并在最后舍去负根。

当然在 18 世纪，固执排斥负数的人已经不多了。著名的法国数学家笛卡尔创立了解析几何以后，坐标方法开始流行。因为负数的运算法则在直观上是可靠的，而且它没有在计算中引起任何麻烦，所以人们还是一直使用着负数，负数的几何表示也开始出现。1655 年，英国数学家沃利斯将笛卡尔两条仅有的正坐标轴分别向两边延伸，这样就引进了负数的纵、横坐标，从而为负数提供了一个可见的原形。在代数上，直到 19 世纪为整数奠定了逻辑基础以后，负数在欧洲才被正式确立，真正在数学上得到了它应有的地位。

知识小链接

负数的表示方法

聪明的我国古人是采用筹算来表示正负数的，其方法有以下几种。

（1）用红筹表示正数，黑筹表示负数。据史书记载，这种方法在西汉时就已经出现了，特别是公元 3 世纪刘徽注释《九章算术》"正负术"时说："正算赤，负算黑。"

（2）用正摆筹表示正数，斜摆筹表示负数，如刘徽注云："否则以邪正为异"。

（3）用截面为三角形筹表示正数，截面为正方形或矩形筹表示负数。

（4）南宋数学家李冶在《测圆海镜》（1248 年）中用斜画一杠表示负数，通常画在最后一位有效数字上。

（5）南宋数学家杨辉（13 世纪）在负数后写个负字，如 -72 写成"七十二负"。

（6）在古算书中还有很多用文字表示负数的词字，如盈余、买、收、进、强等为正，不足、卖、付、出、弱等为负。但是，令人遗憾的是，中国古代始终没有创立简明的负号，这阻碍了中国数学的发展。

和人捉迷藏的质数

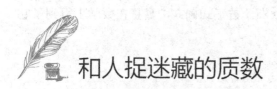

1	2	3	4	5	6	7	8	9	10
11	12	13	14	15	16	17	18	19	20
21	22	23	24	25	26	27	28	29	30
31	32	33	34	35	36	37	38	39	40
41	42	43	44	45	46	47	48	49	50
51	52	53	54	55	56	57	58	59	60
61	62	63	64	65	66	67	68	69	70
71	72	73	74	75	76	77	78	79	80
81	82	83	84	85	86	87	88	89	90
91	92	93	94	95	96	97	98	99	100

100 以内的质数

一个大于 1 的整数，如果除了它本身和 1 以外，不能被其他正整数所整除，这个整数就叫作质数。质数也叫素数，如 2，3，5，7，11 等都是质数。

如何从正整数中把质数挑出来呢，自然数中有多少质数？对于这些问题人们还不清楚，因为它的规律很难寻找。质数像一个顽皮的孩子一样和数学家捉迷藏。

古希腊数学家、亚历山大图书馆馆长埃拉托塞尼提出了一种寻找质数的方法：先写出从 1 到任意一个你所希望达到的数为止的全部自然数，然后把从 4 开始的所有偶数划掉，再把能被 3 整除的数（3 除外）划掉，接着把能被 5 整除的数（5 除外）划掉……这样一直划下去，最后剩下的数，除 1 以外全部都是质数。例如，找 1~30 之间的质数时可以这样做。

1，2，3，~~4~~，5，~~6~~，7，~~8~~，~~9~~，~~10~~，11，~~12~~，13，~~14~~，~~15~~，~~16~~，17，~~18~~，19，~~20~~，~~21~~，~~22~~，23，~~24~~，~~25~~，~~26~~，~~27~~，~~28~~，29，~~30~~

后人把这种寻找质数的方法称为埃拉托塞尼筛法。它可以像从沙子里筛石头那样，把质数筛选出来。质数表就是根据这个筛选原则编制出来的。

数学家们并不满足用筛法去寻找质数，因为用筛法求质数带有一定的盲目性，你不能预先知道要"筛"出什么质数来。数学家们渴望找到的是质数的规律，以便更好地掌握质数。

从质数表中我们可以看到质数分布的大致情况：

1 到 1 000 之间有 168 个质数；

1 000 到 2 000 之间有 135 个质数；

2 000 到 3 000 之间有 127 个质数；

3 000 到 4 000 之间有 120 个质数；

4 000 到 5 000 之间有 119 个质数。

随着自然数的变大，质数的分布越来越稀疏。

质数把自己打扮一番，混在自然数里，使我们很难从外表看出它有什么特征。例如，101，401，601，701 都是质数，但是 301 和 901 却不是质数。又例如，11 是质数，但 111，11 111 以及由 11 个 1、13 个 1、17 个 1 排列成的数都不是质数，而由 19 个 1、23

个 1、317 个 1 排列成的数却都是质数。

有人做过这样的验算：

$$1^2+1+41=43$$

$$2^2+2+41=47$$

$$3^2+3+41=53$$

……

$$39^2+39+41=1\,601$$

从 43 到 1 601 连续 39 个这样得到的数都是质数，但是再往下算就不再是质数了。

$40^2+40+41=1\,681=41×41$，1 681 是一个合数。

在寻找质数方面做出重大贡献的还有 17 世纪的法国数学家梅森。梅森于 1644 年发表了《物理数学随感》，其中提出了著名的"梅森数"。梅森数的形式为 2^p-1，梅森整理出 11 个 p 值，使得 2^p-1 成为质数。这 11 个 p 值是 2，3，5，7，13，17，19，31，67，127 和 257。仔细观察这 11 个数，不难发现，它们都是质数。不久，人们证明了如果梅森数是质数，那么 p 一定是质数。但是要注意，这个结论的逆命题并不正确，即 p 是质数，2^p-1 不一定是质数。

梅森虽然提出了 11 个 p 值可以使梅森数成为质数，但是，他对 11 个 p 值并没有全部进行验算，其中的一个主要原因是数字太大，难以分解。当 $p=2$，3，5，7，13，17，19 时，相应的梅森数为 3，7，31，

法国数学家梅森

127，8 191，131 071，524 287。由于这些数比较小，人们已经验算出它们都是质数。

1772 年，已经 65 岁的双目失明的数学家欧拉，用高超的心算本领证明了 $p=31$ 的梅森数是质数。

还剩下 $p=67，127，257$ 三个相应的梅森数，它们究竟是不是质数呢？长时期无人去论证。梅森去世二百五十多年后，1903 年在纽约举行的数学学术会议上，数学家科勒教授做了一次十分精彩的学术报告。他登上讲台却一言不发，拿起粉笔在黑板上迅速写出：

$$2^{67}-1=147\ 573\ 952\ 589\ 676\ 412\ 927=193\ 707\ 721\times761\ 838\ 257\ 287$$

然后他就走回自己的座位。开始时会场里鸦雀无声，没过多久全场响起了经久不息的掌声。参加会议的人们纷纷向科勒教授祝贺，祝贺他证明了第九个梅森数不是质数，而是合数！

1914 年，第十个梅森数被证明是质数。

1952 年，借助电子计算机的帮助，人们证明了第十一个梅森数不是质数。

之后，数学家们利用运算速度不断提高的电子计算机来寻找更大的梅森质数。1996 年 9 月 4 日，美国威斯康星州克雷研究所的科学家利用大型电子计算机找到了第三十三个梅森质数，这也是人类迄今为止所认识的最大的质数，它有 378 632 位。

数学家们尽管可以找到很大的质数，但是质数分布的确切规律仍然是一个谜。古老的质数，还在和数学家捉迷藏呢！

知识小链接

质数和费马开的玩笑

费马被称为 17 世纪最伟大的法国数学家，他对质数做过长期的研究。他曾提出过一个猜想：当 n 是非负整数时，形如 $f_n=2^{2^n}+1$ 的数一定是质数。后来，人们把这个形式的数叫作"费马数"。费马提出这个猜想并不是无根据的。他验算了前五个费马数，验算的结果个个都是质数。费马没有再往下验算。为什么没往下算呢？

有人猜测再往下算，数字太大了，不好算。但是，第六个费马数就出了问题！费马去世后67年，也就是1732年，25岁的瑞士数学家欧拉证明了第六个费马数不是质数，而是合数。

更有趣的是，从第六个费马数开始，数学家们再也没有找到哪个费马数是质数，它们全都是合数。看来，质数和费马开了个大玩笑！

17世纪最伟大的法国数学家费马

神奇的兔子繁殖

意大利有一座文化古城——比萨城，闻名世界的比萨斜塔就坐落在这里。这个城市出过不少有名的科学家，七百多年以前，著名的数学家斐波那契就生活在这里。这一带气候温和，阳光明媚，地中海上不时吹来潮湿的海风。这里雨水也很充足，附近的农业、畜牧业都很发达。

有一天，斐波那契到外面散步，看到一个男孩子在院子旁边筑起了一个篱笆。斐波那契往里一瞧，嗬，里面有一对红眼睛、大耳朵的白兔。那一对可爱的小东西正在急急忙忙地吃萝卜叶呢。斐波那契很喜爱小白兔，因此，他出神地站在那里看了好一会儿，才转身回家。

几个月后，斐波那契又散步到那里。他往篱笆里一看，咦，里面不再是一对兔子，而是大大小小好多兔子。有的在挖土，有的在吃草，有的在蹦跳……那养兔子的小男孩正在忙着往里送草呢。

斐波那契问那小男孩："你又买了一些兔子吗？"

著名数学家斐波那契

"没有，这些都是原来那对兔子生的小兔子。"男孩子回答。

"一对兔子能繁殖这么多？"斐波那契感到惊奇。

那男孩子说："兔子繁殖得可快了，每个月都要生一次小宝宝。并且，小兔子出生两个月以后就能够当爸爸妈妈，再生小兔子了。"

"噢，原来是这样的。"斐波那契明白了。

回家以后，那些可爱的小白兔又出现在斐波那契的脑海里。

"兔子的繁殖能力真惊人啊，一年之内到底能生多少只呢？"他给自己出了这样一个题目：假若一对兔子每个月可以生出一对小兔子，并且兔子在出生两个月以后就能再繁殖后代，那么，这对兔子和它们的子子孙孙，一年之内可以繁殖多少对兔子呢？

接着，他思考这个问题的答案了。

第一个月，这对兔子做了爸爸妈妈，它们生了一对可爱的小宝宝。这样，它们家里就有 2 对兔子了。

第二个月，兔妈妈又生下一对小宝宝，这时候，它们家里就是 3 对兔子。

第三个月，当兔妈妈又生下一对小宝宝的同时，兔妈妈第一个月生的那对小兔子已经长大，也能生儿育女了，所以，它们也生了一对美丽的小兔子。于是，3 月份它们家里的成员就是 5 对了。

斐波那契将兔子每个月繁殖的情况列在下表里。

月份	1月	2月	3月	4月	5月	6月	7月	8月	9月	10月	11月	12月
兔爸爸兔妈妈和它们自己生的兔子对数	2	3	4	5	6	7	8	9	10	11	12	13
1月份出生的兔子所繁殖的后代对数			1	2	3	4	5	6	7	8	9	10

（续）

月份	1月	2月	3月	4月	5月	6月	7月	8月	9月	10月	11月	12月
2月份出生的兔子所繁殖的后代对数				1	2	3	4	5	6	7	8	9
3月份出生的兔子所繁殖的后代对数					2	4	6	8	10	12	14	16
4月份出生的兔子所繁殖的后代对数						3	6	9	12	15	18	21
5月份出生的兔子所繁殖的后代对数							5	10	15	20	25	30
6月份出生的兔子所繁殖的后代对数								8	16	24	32	40
7月份出生的兔子所繁殖的后代对数									13	26	39	52
8月份出生的兔子所繁殖的后代对数										21	42	63
9月份出生的兔子所繁殖的后代对数											34	68
10月份出生的兔子所繁殖的后代对数												55
总的兔子对数	2	3	5	8	13	21	34	55	89	144	233	377

　　从表格的最后一行可以看到，1月份共有2对兔子，2月份是3对，3月份是5对，4月份是8对……到12月份猛增到377对，也就是754只兔子。

　　"由一对白兔开始，一年之内，兔子就将近1 000只，真是一个惊人的速度！"斐波那

契感到非常惊讶。

　　从 1 月份到 12 月份，每个月兔子的对数是：

$$2，3，5，8，13，21，34，55，89，144，233，377$$

　　这一行数字乍看起来没有什么特殊的地方，但是斐波那契仔细一琢磨，发现它们是很有规律的。什么规律呢？从第三个数字开始，每个数字都是它前面两个数的和。

$$5=3+2$$
$$8=5+3$$
$$13=8+5$$
$$21=13+8$$
$$34=21+13$$
$$......$$
$$377=233+144$$

　　这真是个有趣的发现，斐波那契高兴极了。这个发现不但有趣，还非常有用。它可以证明，以后各月兔子的总数也是这样增加的。按照这个规律，第二年 1 月份兔子的总数马上就可以算出来，是 233+377=610（对）；第二年 2 月份兔子的总数是 377+610=987（对）……以后每个月共有多少对兔子，都可以轻而易举地算出来，就不用再去列上面那个麻烦的表格了。

　　在上表最后一行有趣的数字前面添上两个 1，得出 1，1，2，3，5，8，13，21，34，55，89，144，233，377。这一行数字也是从第三个开始，每个数字都是前面两个数字之和，它只是比原来的那一行更完全了。

　　斐波那契把这个有趣的发现写进了他的著作《算盘书》中。

　　为了纪念这个有趣问题的提出者，人们把这个问题叫作"斐波那契问题"，并把上面的数 1，1，2，3，5，8，13，21，34，55，89，144，233，377…叫作"斐波那契数"。

知识小链接

植物的生长与斐波那契数

斐波那契数在实际生活中有着广泛而有趣的应用。除了动物的繁殖外，植物的生长也与斐波那契数有关。数学家泽林斯基在一次国际数学会议上提出了树木生长的问题：如果一棵树苗在一年以后长出一条新枝，然后休息一年。再在下一年又长出一条新枝，并且每一条树枝都按照这个规律长出新枝。那么，第一年它只有主干，第二年有2枝，第三年有3枝，然后是5枝、8枝、13枝等，每年的分枝数正好为斐波那契数。生物学中所谓的"鲁德维格定律"，实际就是斐波那契数在植物学中的应用。

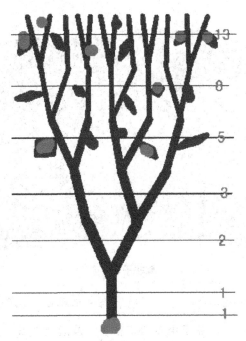

植物的生长与斐波那契数

丝丝入扣的数学证明

《辞海》中对"证明"一词是这样解释的："根据已知真实的判断来确定某一判断的真实性的思维形式。"简单来说，就是用已知的真理来判断某一事物的真实性。实际上，在日常生活里，我们常常不自觉地运用了"证明"。下面，我们看两则《韩非子》里的故事。

《韩非子》书影

宋国有个卖酒的人，买卖很公平，对待客人也很恭敬。他酿的酒很醇美，酒店的幌子也挂得很高，但是他的酒积压了很多卖不出去，最后都变酸了。对此他很奇怪，就向人们询问原因。一位长者对他说："是你的狗太凶猛了！"他又问："狗凶猛，为什么酒会卖不出去？"长者答道："人们怕狗呀。有的人家让孩子拿着钱来打酒，而这只狗迎上去就咬他们，就没人敢来了。这就是酒卖不出去的原因。"

这种推理方式混合采用了穷举法和演绎法。酒卖不出去的原因可能有好几个，但经过分析者逐一排除，最后只剩下一个，再经推理，即合理的解释。

燕王向民间征召有特殊技巧的人，有个卫国人说："我能够在酸枣刺的尖端雕刻母猴。"燕王很高兴，用优厚俸禄供养他。有一次，燕王说："我想看看你雕刻的棘刺母猴。"卫国人说："国君您想看到它，那就必须半年不进后宫，不喝酒，不吃肉，而且还要在雨停日出的天气里，在那既明又暗的光线之间才能看得见。"燕王拿他没办法，就只好养着这个卫国人，却不能看他雕刻的母猴。

郑国有个在官府服役的铁匠对燕王说："我是打刀的。我知道各种微小的东西都要用小刀刻削，而所刻削的东西一定要比刻刀的刀刃大。如果酸枣刺的尖端小得容纳不下刀刃，就很难在上面雕刻。大王去看看那客人的刻刀，那么刻母猴的事能不能办到也就可以知道了。"燕王说："好主意！"于是他跟那个卫国人说："你在酸枣刺尖端上雕刻母猴，是用什么工具来刻的？"客人说："用刻刀。"燕王说："我想看看你的刻刀。"客人说："请让我回到住处去把它取来吧。"客人退出后就趁机逃走了。

这是采用了反证法。要在棘刺尖上刻母猴，必须有刀刃比棘刺尖还小的刻刀。如果没有这样的刀，便无法在棘刺尖上雕母猴了。

上面的两则故事看似平淡无奇，但与数学证明凭据的道理一般无异。不过，我们可以把数学上的证明描述得更为精确。我们可以以一些基本概念和基本公式为基础，使用合乎逻辑的推理方法判断一个假设是否正确。

那么，在人类的文明史上，证明这个理念是怎样产生的呢？又是什么时候产生的？

一般书本尤其是西方的著述，都公认数学证明始于公元前6世纪。据说当时的希腊数学家、哲学家泰勒斯证明了几条几何定理，包括直径把圆平分，等腰三角形的底角相等、对顶角相等之类的问题。有人说，他是数学证明思想的创始人，事实是否真的如此，就难以考证了。到了公元前 4 世纪，欧几里得写成了不朽巨著《原本》。他从一些基本定义与公理出发，以合乎逻辑的演绎手法推导出四百多条定理，从而奠定了数学证明的模式。

古希腊哲学家、数学家泰勒斯

即使证明这种方式真的开始于公元前 6 世纪的古代希腊，那么当时的人为什么想证明数学命题呢？

古希腊人研究几何学有着得天独厚的条件。其他的古代文明大都属于农业社会，人们祖祖辈辈耕耘在土地上，日出而作，日落而息，拘囿于一个狭小的天地里。而古希腊民族是一个擅长航海的民族，繁荣的海上贸易使他们对空间有着旅行家般的敏感，他们探求现实世界空间形式的欲望也就更为强烈。

由于几何学的研究对象不再是具体事物的形状，而是抽象的数学概念，由此而产生的抽象的几何结论也就具有极其广泛的普适性。在将其运用到各种自然现象之前，人们得保证它是正确的，不然在应用中就可能导致差错。怎样保证一个数学结论是正确的呢？仅用人们习惯的观察、实验、归纳的方法是不够的。因为即使你能举出九千九百九十九个例子说明某结论是正确的，也不能保证第一万个例子不出意外。

实验、归纳法并不是人们认识真理的唯一方法。比如有三棵树，我们知道甲树比乙树高，又知道乙树比丙树高，那么，完全不需再去实际测量，我们直接通过正确的逻辑推理就可以断定甲树比丙树高。也就是说，直接从实践中获取部分真理，再运用逻辑推理的方法，人们就可以得到真理的其他部分。聪明的古希腊数学家正是用这种方法来保证数学结论的正确性的。具体地说，他们用的是演绎法。这是一种从一般事理成立，推出特殊事理成立的逻辑推理方法。

古希腊人把直接从实践中得到的真理叫作"公理"。公理的正确性是经过实践反复检验的，为人所共知而且令人一目了然，如"两点可以连接一条直线"等。古希腊数学家把公理作为演绎推理的基础，去论证几何结论的正确性。一个几何结论被证明是正确的，就成了一个几何定理。以这个定理为基础，又可以推导出新的几何定理来，而不必一切都从头开始，因为只要推理的方式正确，后一个定理的正确与否，完全可由前一个定理保证。这样，几何学的内容就异常丰富了起来，几何学本身也就构筑成了一个严谨的科学体系，它像一根链条，每一个环节都衔接得丝丝入扣。

公理法和演绎推理是数学的本质特征，也是数学区别于其他自然科学学科的明显标志。它的引入，正是古希腊文明为数学发展做出的又一个伟大贡献。

知识小链接

平面几何中的公理

以下是几条简明而又容易被接受的公理（有些书上也称为"基本性质"）。

两点决定一条直线：经过两点有一条直线，并且只有一条直线。

两点间线段最短：在所有连接两点的线中，线段最短。

垂线唯一性：经过一点有且只有一条直线垂直于已知直线。

垂直线段最短：从直线外一点到这条直线的所有线段中，垂直线段最短。

平行线唯一性：经过直线外的一点有且只有一条直线和这条直线平行。

同位角相等，则两直线平行：两条直线被第三条直线所截，如果同位角相等，那么这两条直线平行。

平行线的同位角相等：两条平行线被第三条直线所截，同位角相等。

判定两个三角形全等的公理：边角边、角边角、边边边、角角边。

数学史上的新"武器"——代数

在古代，为了解决某些数学问题，人们在找到一般性的规律时，总喜欢用语言叙述相应的运算法则，这就是代数学的初级阶段。16 世纪末，法国数学家韦达吸收了前人积累下来的经验，发明了一种新"武器"——采用母音字母 a，e，i…代表未知量，子音字母 b，d，g…代表已知量。韦达相信普遍应用字母代数的方法，会使运算过程变得简明得多。1591 年，他在《美妙的代数》一书中，把算术和代数加以区别，从而使后者不仅用数，也用字母进行计算，推进了代数问题的一般性讨论。由于他采用的字母过多，显得繁杂而不便，韦达发明的这个新"武器"并没有引起人们的充分注意。17 世纪法国的杰出数学家笛卡尔发表的许多数学著作中，普遍地应用前几个字母 a，b，c…代表已知量，用后几个字母 x，y，z…表示未知量，用 a^3，b^3…的形式表示幂，并且奠定了代数的符号系统。

数学家韦达和笛卡尔发明的这个新"武器"，对研究数学有什么作用呢？从表面上看，用字母代替数的方法，仅仅是一种符号的改进。其实，数学中一些新成就的出现，常常与符号的改进有着十分密

法国数学家笛卡尔

切的关系。例如，阿拉伯数字是表示数字的一种符号，这种符号的普遍采用，被人们称为数学计算的三大发明之一。实际上，韦达等人使用字母表示数的方法，大大促进了数学的发展，为以后解析几何和微积分理论的出现与发展奠定了基础。

例如，有一种载重汽车，每小时能行驶 80 千米，试问 2 小时、5 小时各能跑多少千米？只要列出下面两个算式：

$$80×2=160（千米）$$

$$80×5=400（千米）$$

这样就能分别计算出汽车行驶的路程。

那么，在这里路程、速度、时间三者之间的关系是什么？

如果用字母 s 表示路程，v 表示速度，t 表示时间，我们可以得出下面的一般性公式：

$$s=vt$$

这个公式简明而又概括地揭示了路程、速度、时间之间的数量关系，这都是新"武器"的功劳！

仅有一个孤立的数字符号是没有多大意义的，人们在实际应用中还要研究它们之间的运算规律。用字母表示数，可以表示数的共同性质。例如，"两数相加，交换两个数的位置，其和不变"，这句话用字母可以简明地表示为 $a+b=b+a$。这就是加法的交换律。同样这种方法也可以表示其他定律。

加法结合律：$(a+b)+c=a+(b+c)$

乘法交换律：$a·b=b·a$

乘法结合律：$(ab)c=a(bc)$

加乘分配律：$(a+b)c=ac+bc$

大家看，用字母表示这些定律多么简明扼要啊！

大科学家牛顿在他所著的《普通算术》一书中写道：要解答一个问题，里面含有抽

象的数量关系时，只要把题目由日常的语言译成代数的语言就行了。牛顿在这里所说的"代数的语言"，就是用字母表示数，它是翻译数学表达式的有力工具。

有这么一个趣题：

一阵雷雨后，马和驴并排在一条泥泞的道路上走着。它们的背上都驮着重重的大包袱，压得它们喘不过气来。主人为了赶路，又不断地扬起鞭子抽打它们。马实在忍受不住，抱怨说它的负担太重了。

"你抱怨什么？"驴回答说，"你瞧，如果我从你背上拿过一个包袱，我的负担就是你的两倍。如果你从我背上拿过一个包袱，你驮着的也不过和我一样重。"它们互不服气地争吵着……

用 x 表示马驮的包袱数，y 表示驴驮的包袱数，上文可以翻译为下表。

原文	翻译式
如果我从你背上拿过一个包袱	$x-1$
我的负担	$y+1$
就是你的两倍	$y+1=2(x-1)$
如果你从我背上拿过一个包袱	$y-1$
你驮着的	$x+1$
也不过和我一样重	$y-1=x+1$

最后得到的一组算式是 $y+1=2(x-1)$，$y-1=x+1$。

大家看，采用字母代替数的方法，比用语言叙述要简明得多。这种方法是进一步学习代数式运算和列方程解应用问题的基础。大家感兴趣的话，可以计算一下马和驴的负担各是多少。

还有一个"李白沽酒"的故事，其内容是这样的：

李白无事街上走，提着酒壶去买酒；

遇店加一倍，见花喝一斗；

三遇店和花，喝光壶中酒。

试问壶中原有多少酒？

设壶中原有酒 x 斗，上文可以翻译为下表。

原文	翻译式
遇店加一倍	$2x$
见花喝一斗	$2x-1$
三遇店和花	$2[2(2x-1)-1]-1$
喝光壶中酒	$2[2(2x-1)-1]-1=0$

在研究事物数量之间的关系时，用字母表示数的方法更便于书写，应用时具有普遍意义。另外，使用这个新"武器"还有助于探索数字间的内在规律。现在我们来做一个数字游戏。每个人都任意写一个三位数，把这个三位数颠倒其数字位置，得出一个新的三位数，再求出前后两个三位数之差。大家想一想，这些差具有什么共同的性质？

设 a, b, c 分别表示任意一个三位数的百位、十位、个位上的数字，那么这个三位数应当是：

$$N=100a+10b+c$$

颠倒其数字位置就是：

$$N'=100c+10b+a$$

求其差为：

$$N-N'=(100a+10b+c)-(100c+10b+a)=99a-99c=99(a-c)$$

答案出来了，这些差都是 99 的倍数。

实际上，任何一个三位数，将其数字的位置颠倒后，所得的三位数之差一定是 99

的倍数。这个规律在没有使用字母表示数之前，是不容易被人们注意到的。有了这个新"武器"，人们就摆脱了使用具体数字研究问题的局限性，它为人们提供了揭示数量关系一般性质的可能性，这是数学发展史上的一项重大革新。

知识小链接

"代数学"的曲折历史

"代数学"一词来自拉丁文，但是它又是从阿拉伯文变来的，这其中还有一段曲折的历史。

7世纪初，阿拉伯人不断向外扩张，建立了横跨欧、亚、非三洲的大帝国，我国史书上称其为"大食国"。大食国善于吸取被征服国家的文化精髓，他们把希腊、波斯和印度的书籍译成阿拉伯文，并设立了许多学校、图书馆和观象台。在这个时期，大食国出现了许多数学家，最著名的是9世纪的阿尔·花拉子密，他写了一本《代数学》。到12世纪，有人把它译成了拉丁文。

"九九"歌与整数乘法

乘法口诀表

一一得一								
一二得二	二二得四							
一三得三	二三得六	三三得九						
一四得四	二四得八	三四十二	四四十六					
一五得五	二五一十	三五十五	四五二十	五五二十五				
一六得六	二六十二	三六十八	四六二十四	五六三十	六六三十六			
一七得七	二七十四	三七二十一	四七二十八	五七三十五	六七四十二	七七四十九		
一八得八	二八十六	三八二十四	四八三十二	五八四十	六八四十八	七八五十六	八八六十四	
一九得九	二九十八	三九二十七	四九三十六	五九四十五	六九五十四	七九六十三	八九七十二	九九八十一

九九乘法表

"一一得一，一二得二，一三得三，……，一九得九。二二得四，二三得六，……，九九八十一。"这是现在每个小学生都熟悉的"九九"歌，或者叫小九九。可这个歌诀为什么叫作"九九"歌呢？

在古代，"九九"歌是由九九八十一开始的，正因为这样，所以人们称它为"九九"歌。作乘法时人人都离不开它，因此它就沿用下来，一直流传到今天。

"九九"歌的起源很早，汉代燕人韩婴的《韩诗外传》中记载了下面的一段故事。

春秋时期，齐桓公设立招贤馆，征求各方面的人才。他等了很久，一直没有人来应征。过了一年后才来了一个人，他是东野地方的老百姓。此人把"九九歌"献给齐桓公，作为表示才学的献礼。齐桓公觉得很可笑，就对这个人说："'九九'歌也能拿出来表示才学吗？"这个人回答得很好，他说："'九九'歌确实够不上什么才学，但是您如果对我这个只懂得'九九'歌的老百姓都能重礼相待的话，那么还怕比我高明的人才不会接连而来吗？"齐桓公觉得这话很有道理，就把他接进了招贤馆，并给予隆重的招待。果然不到一个月，四面八方的贤士都接踵而至了。

这个故事说明，"九九"歌的产生最迟也是在春秋战国时期，而且在当时已经极为普及。1908年人们在甘肃敦煌发现的木简（公元前二三世纪），以及1930年在甘肃北部居延烽火台遗址发掘出来的木简（公元前101年到公元40年）上都载有九九表。

利用九九表是乘法运算史上的一大进步。从本质上说，乘法是加法的一种特殊形式。正因为如此，人们在探求乘法的过程中，经历了一个似乘似加、又乘又加的运算阶段。

古埃及早期（公元前1700年左右）的乘法实际上是一种"倍乘叠加法"。比如53×17：先将53倍乘（乘2）得53×2=106，再将106倍乘得106×2=212=53×4，再将212倍乘得212×2=424=53×8，再将424倍乘得424×2=848=53×16，最后将848与53加起来得901。这种运算说明，当时人们对53×17的意义是明确的。整个过程虽然可以说是对连加运算的一个初步简化，但当时人们还没有创立起九九表。

对乘数是10的运算，古埃及人采用的是将被乘数的单位符号扩大（升级）。这与我们现在采取在被乘数后加零或将小数点移位的做法的本质是一样的。对乘5的运算，则采取乘10后再除以2的办法，很明显这时他们对乘10和折半运算已经很熟悉了。

值得注意的是，古埃及人这样的"倍乘叠加法"在许多民族中都先后出现过。例如，用倍乘、平分与加法相结合的方法算乘法的"俄罗斯农民乘法"。

古巴比伦的乘法要比古埃及的先进。据出土的古巴比伦泥板考证，大约在公元前两千多年，古巴比伦人就已经利用乘法表来进行运算了。乘法表记录了某个数从 1 乘起，分别乘到 60 的全部答案。运算时，只需根据需要，从不同的表中寻找答案即可。如果无法直接查得，比如 54×27，他们的做法是先求 54×20，再求 54×7，然后将结果相加。只要所求算式中的数目在表中能够查得，就可通过查表和适当的加法运算得出结果。当然这种表既不如九九表那样具有普遍性，也不如九九表那样便于诵读。

我国是较早利用九九表作乘法运算的国家，其方法在《孙子算经》和《夏侯阳算经》中叙述得很详细。比如 28×72，计算时的大致步骤如下。

（1）先列式。把相乘两数按上下对列，上列乘数，下列被乘数，使被乘数的最低位数与乘数的最高位数对齐，中间留着写积。

（2）从高到低，随乘随加。以乘数的最高位起乘，依次从高位到低位，乘遍被乘数的各位数字，随乘随加将结果放入中间空处。乘时只需呼出口诀即可。

（3）移位。将乘数的最高位数去掉（表示已乘过），再将被乘数的最低位数与留下的乘数的最高位数对齐。

（4）重复（2）、（3）的步骤，直至乘数中每一位数都遍乘过被乘数为止，并将最后结果放入中间。

以上运算都是用算筹进行的，随乘随加时只需拿去或放上一些算筹就可以了，因此这种算法让人颇觉顺手、方便。

约在公元 6 世纪，印度出现了一种与我国相仿的乘法，不同的是他们将积数放在最上面，基本过程与我国的一致。由于印度人当时是用笔蘸白粉液在类似黑板的东西上"写算"，写过的字容易抹去，较利于随乘随加。公元 9 世纪左右，印度的笔算乘法传入阿拉伯，经世代相传，在阿拉伯创立起了一种所谓的"格子乘法"。

357×46=16 422

格子乘法

格子乘法也用笔算，但具体过程与印度笔算大不相同。其中，被乘数与乘数每一位的每次相乘结果都是写出的。如357×46，先将被乘数和乘数写在格子框的上面和右边，然后将乘数的每位数依次逐一与被乘数相乘；将每两个数的积写在格子里，十位数写在小格子中斜线的上方，个位数写在下方；全部乘完后，将斜行各数相加，结果写在斜行的末端，然后按从上到下、从左到右的顺序读数，结果是16 422。格子乘法后来在欧洲也曾风行一时，不过画格子终究太麻烦，随着其他算法的陆续问世，这一算法就渐渐被淘汰了。

格子算法也曾传入我国，最早记载于15世纪吴敬所撰写的《九章算法比类大全》，当时吴敬称它为"写算"。我国数学家程大位在1592年撰写的《算法统宗》一书中，也有格子算法，程大位将它取名为"铺地锦"。"铺地锦"未能在我国普及，其原因是当时我国的筹算乘法并不比它落后。

17世纪初，我国数学家李之藻将德国数学家克拉维斯的《实用算术概要》和程大位的《算法统宗》合编成《同文算指》一书。他首次将欧洲的笔算，包括现行的乘法等四则运算法则介绍进我国。现行的乘法逐渐开始在我国流行，不过数码还用我国的字体。19世纪后期起，随着人们对欧美和日本数学著作的大量翻译，阿拉伯数码终于替代我国数码，从此乘法从符号到法则都成为现在这个样子了。

知识小链接

《夏侯阳算经》

南北朝时期夏侯阳著的《夏侯阳算经》，是我国古代最著名的《算经十书》之一。夏侯阳生平不详。原本《夏侯阳算经》现在可以考查的只有600个字。它概括地叙述了筹算乘除法则、分数法则，解释了"法除""步除""约除""开平方除""开立方除"五个名词的意义；其他部分现在已无法查考了。现在我们所看到的《夏侯阳算经》是中唐的实用算术书，韩延很可能是这部算术书的作者。因为此书托名《夏侯阳算经》，附在《算经十书》里流传到现在，从而保存了不少宝贵的数学史料。

数学史上的瑰宝——方程

提起一元一次方程，相信初中的同学们都会做。可是在很久以前，解一元一次方程是相当麻烦的。人们需要进行很多的猜测和比较，才能得到正确的答案。西方著名的数学史家史密斯曾发出这样的感慨："世界竟曾经为了一个形如 $ax+b=0$ 的方程所困惑过，这似乎是不可思议的。但是古代数学家为解这种方程，却确实曾求助于一种比较烦琐的方法，这种方法后来在欧洲被称为'试位法'。"丢番图是公元 3 世纪时期古希腊的著名数学家，他一生都在研究数学方程理论。实际上，他在《算术》一书里给出了现代解方程的一些重要步骤：移项法则、方程两端乘以同一因子等。不过人们当时对数的认识还处于启蒙阶段，所以没有推出现在所用的一次方程解的一般公式。

方程的定义是含有未知数的等式，它最早出现在《九章算术》里。我国古代数学家刘徽注解说："程，课程也。群物总杂，各列有数，总言其实，令每行为率。二物者再程，三物者三程，皆如物数程之。并列为行，故谓之方程。"这段话的意思是，题目中

古希腊著名数学家丢番图

每一个条件就可列一个式子，几个式子合在一起成一个方形，所以叫方程。在《九章算术》中还专门有"方程章"一节。其实不仅中国的数学家喜爱方程，对方程的研究走在世界的前列，从古到今，外国的许多大数学家也都偏爱方程，如牛顿、欧拉等。他们有的编了许多有趣的方程问题，有的给出了一些解方程的方法。

更令人惊讶的是，在古希腊著名的荷马史诗中竟然也有方程的影子。著名的荷马史诗《伊利亚特》里有下面这样的内容。

爱神爱罗特正在发愁，

女神吉波莉达向前问道：

"你为什么烦忧，我亲爱的朋友？"

爱罗特回答：

"九位文艺女神，不知来自何方，

把我从赫尔康采回的仙果，几乎一抢而光。

音乐之神叶英特尔波抢走十二分之一；

历史之神克力奥抢走的更多，每五个仙果中就拿走一个；

喜剧之神达利娅拿走八分之一；

悲剧之神美逢美妮最客气，她只拿走了二十分之一；

舞蹈之神最能抢，她抢走四分之一；

爱神之神爱拉托拿走七分之一；

还有三位女神，个个都不空手——

三十个仙果归颂歌之神波利尼娅，

一百二十个仙果归天文之神乌拉尼娅，

三百个仙果归史诗之神卡利奥帕。

我，可怜的爱罗特，

只给我留下五十个仙果。"

爱罗特原有多少个仙果?

这是一个简单的一元一次方程题目。同学们可以自己算一算,可怜的爱罗特到底采回多少个仙果?

在《九章算术》里,还有许多多元一次方程组的例题。不过,方程可不都是一次的,请看下面这道题。

两个正方形面积之和是 1 000,其中一个正方形的边长比另一个正方形边长的 $\frac{2}{3}$ 少 10,问两个正方形的边长各是多少?

同学们会做吗?这可是数学史上发现的最早的二次方程习题,它是刻在古巴比伦的泥板上而被保存下来的。而在古巴比伦的楔形文字记载的文献中,也已经给出了相当于一元二次方程的具体例题和解法。丢番图也曾解决过许多数字系数的二次方程,可是他不承认负根和无理根。其后有许多数学家对一元二次方程进行过研究,一直到最后韦达给出了表明根和系数关系的"韦达定理",一元二次方程的解才可能用求根公式来得到。后来人们陆陆续续又得到了一元三次方程、一元四次方程的求根公式,而五次以上的方程则已经被证明没有统一的求根公式。

以上涉及的例子都是有确定解的。在数学上还有一种方程,是求不出确定解的,那就是不定方程。什么是不定方程呢?我们把含两个或两个以上未知数的方程称为不定方程。比如,$5x+4y=8$,很明显这个方程有无数多组解,如 $x=1$,$y=\frac{3}{4}$;$x=0$,$y=2$……关于不定方程的例子也有很多,《九章算术》中"方程章"的第 13 题就是有关不定方程的。题目大意如下。

5 家共用一口井。若用甲家 2 条绳子和乙家 1 条绳子接在一起,绳子恰好触及水面;同样,用乙家 3 条绳子和丙家 1 条绳子,或用丙家 4 条绳子和丁家 1 条绳子,或用丁家

5条绳子和戊家1条绳子，或用戊家6条绳子和甲家1条绳子接在一起，也都恰好触及水面。求各家绳子的长度和井深。

设六个未知数，就可以很容易地列出五个不定方程；将这些方程联立在一起，就得到一个不定方程组。我们通过所学的知识求解可知，只要满足某一比例的数组都是解。古今中外还有很多这样的趣题，有兴趣的同学可以自己找来做一做。

另外，值得注意的是，并不是所有不定方程联立起来都一定得到不确定的解，比如下面这一道"和尚吃馒头"问题。

一百馒头一百僧，小僧三人吃一个，大僧三个更无争，大小和尚各几名？

很明显，这是一个二元一次方程组问题，由两个不定方程联立可得到一组确定的解。这不属于不定方程组范畴，大家以后做题时可要注意了。

知识小链接

泥板上的方程

19世纪，考古学家在古巴比伦王国的遗址进行了挖掘，共挖出50万块写有文字的泥板。这些泥板大的和一般教科书差不多大，小的只有几平方厘米。在这50万块泥板中，大约有三百多块数学泥板。经数学家研究发现，这些泥板上刻有一些二次方程题和它的解法。例如，有这样一道题："如果某正方形的面积减去其边长得870，问边长是多少？"泥板上的解法是：取1的一半，得$\frac{1}{2}$；以$\frac{1}{2}$乘以$\frac{1}{2}$得$\frac{1}{4}$；把$\frac{1}{4}$加在870上，得$\frac{3481}{4}$，它是$\frac{59}{2}$的平方，再加上$\frac{1}{2}$，结果是30。泥板上有好几道这种类型的题，古巴比伦人都是以相同的步骤来解的，这说明他们已经掌握了一些特殊类型二次方程的解法了。

丞相买鸡与不定方程组

我国南北朝时期有一个名叫张丘建的人，此人聪明过人，数学很好，在当时名气不小。

有一位丞相，听说张丘建擅长计算，想考一考他。一天，丞相命人把张丘建的父亲召到府中，给他 100 文钱到市场去买公鸡、母鸡和小鸡共 100 只。当时市场上的价格是公鸡每只 5 文钱，母鸡每只 3 文钱，小鸡 3 只 1 文钱。这一下可难住了老人，这 100 只鸡该如何买呢？

老人回到家对张丘建说了一遍，张丘建笑着对父亲说："您别着急，这件事好办。您明天到市场上买 4 只公鸡、18 只母鸡、78 只小鸡送给丞相。"

第二天，老人如数去办。丞相一算，恰好是 100 文钱买了 100 只鸡。丞相很高兴，于是又拿出 100 文钱，让老人再去买 100 只鸡，但是，公鸡、母鸡和小鸡数要和上次不一样。老人想，这次恐怕办不到了。他急匆匆地赶回家去告诉儿子这件事。

张丘建简单地算了一下，对父亲说："您明天拿这 100 文钱去市场买 8 只公鸡、11 只母鸡、81 只小鸡，拿去见丞相就成了。"

老人按数买好鸡送到丞相府，丞相一算，又恰好是 100 文钱买了 100 只鸡。

丞相问："这两次买鸡都是你算出来的吗？"

老人答："实不相瞒，我可不会算。两次买鸡都是小儿张丘建计算的。"

丞相下令召张丘建进府，见张丘建年纪轻轻，数学就如此之好，心里十分高兴。不过，他还要亲自测试一下，以辨虚实。

丞相拿出 100 文钱对张丘建说:"我给你 100 文钱,要你到市场上买公鸡、母鸡、小鸡共 100 只,各种鸡的数目嘛……与你父亲前两次买的都不一样。"

张丘建向上一拱手,说:"丞相大人,您只要派侍从去市场买 12 只公鸡、4 只母鸡和 84 只小鸡就成了,保证和前两次我父亲买的数目不一样。"

丞相一算,又是 100 文钱恰好买了 100 只鸡,他真正服气了。

丞相微笑着对张丘建说:"三次的买鸡数目都不一样,年轻人,你是怎样算的啊?"

张丘建给丞相讲了起来:"可以设公鸡 x 只,母鸡 y 只,小鸡 z 只。按照您要求的 100 文钱买 100 只鸡,可以列出一个方程组:

$$\begin{cases} x+y+z=100 \\ 5x+3y+\dfrac{1}{3}z=100 \end{cases}$$

"这个方程组有点特殊。未知数的个数是 3,方程的个数是 2,未知数的个数多于方程的个数,这种方程组叫不定方程组。"

"不定方程组?不定方程组怎样解?"丞相对这个问题很感兴趣。

张丘建说:"解不定方程组时,可以把其中一个未知数移到等号的右端,得如下式子:

$$\begin{cases} x+y=100-z \\ 5x+3y=100-\dfrac{1}{3}z \end{cases}$$

"然后再给 z 一些合适的值,解算出 x 和 y 的值。比如 $z=78$,得到方程组:

$$\begin{cases} x+y=22 \\ 5x+3y=74 \end{cases}$$

解得 $x=4$,$y=18$。也就是说用 100 文钱可以买 4 只公鸡、18 只母鸡、78 只小鸡。这正是我父亲第一次给您买回来的鸡数。"

丞相点点头:"嗯,难道用这一组方程还能算出其他的答案?"

"可以。"张丘建说，"关键是看你给 z 什么值了。如果令 $z=81$，可解得 $x=8$，$y=11$，即 8 只公鸡、11 只母鸡、81 只小鸡。这正是我父亲第二次给您买的鸡数。

"如果令 $z=84$，可解得 $x=12$，$y=4$，即可买 12 只公鸡、4 只母鸡、84 只小鸡。这正是我给您说的 3 个数。"

丞相突然问："照你这么说，这公鸡、母鸡、小鸡想怎么买就怎么买喽！"

张丘建摇摇头说："那可不成。尽管对于一般的不定式方程组来说可以有无穷多组解，但是对于您出的百鸡问题却不成。首先，z 必须取正整数，因为 z 表示的是小鸡数目。另外，z 只能在 78 和 84 之间取值，因为小于 78 或大于 84 时，算出的鸡数会是负数。"

丞相问："从 78 到 84 的自然数都可以取吗？"

张丘建又摇摇头说："那也不成。z 只能取 78，81 和 84 三个数，相应得出三组解。z 如果取 78 和 84 之间的其他自然数，算出来的鸡数会是分数。"

丞相笑着说："我前面恰好叫你买了三次鸡，如果让你买四次，你就没办法了！"

张丘建点头说："丞相所言极是！"

丞相非常高兴，重赏了张丘建。

一天，丞相路过一座大寺庙，决定进庙拜佛。他进了庙，方丈赶紧迎上。见过礼后，丞相在方丈陪同下向大雄宝殿走去。路上丞相见许多和尚在吃饭，吃的是馒头。丞相忽然灵机一动问："方丈，如果庙里有 100 个和尚，有 100 个馒头。大和尚 1 人吃 5 个馒头，中和尚 1 人吃 3 个馒头，小和尚 3 人吃 1 个馒头。你能告诉我这座庙里有多少大和尚、中和尚和小和尚吗？"

"这个……不知。"方丈算不出来。

"哈……"丞相仰天大笑说，"此问题只有三组解：第一组是 8 个大和尚、11 个中和尚和 81 个小和尚；第二组是 12 个大和尚、4 个中和尚和 84 个小和尚；第三组是 4 个大和尚、18 个中和尚和 78 个小和尚。"

方丈称赞丞相算法高超，丞相心里十分清楚，这就是那个100文钱买100只鸡的问题，只不过把钱换成馒头，把鸡换成和尚就是了。

 知识小链接

《张丘建算经》

《张丘建算经》大约是公元5世纪时的著作。现传本为三卷，略有残缺，共收入了92个数学问题。《张丘建算经》中记载了一个非常有名的"百鸡问题"。问题的原意是：给出公鸡、母鸡和雏鸡各自的价钱，想用百钱买百鸡，问三种鸡各买多少。这实际上是一个不定方程组的解法问题。有趣的是，在古代印度和中世纪阿拉伯国家的数学著作中，也都可以看到类似的问题。从时间上说，这些著作都晚于《张丘建算经》，从中我们可以想象出中国数学与古印度和中世纪阿拉伯国家间的数学交流。

《张丘建算经》书影

从孙悟空斗牛魔王说起

　　初中学习函数是从"一次函数"和"二次函数"开始的。当时大家或许会对这个新概念感觉如坠云里雾里。其实，它很容易理解。下面，我们先来看一个小故事。

　　唐僧与孙悟空等师徒四人上西天取经，晓行夜宿。他们走到火焰山，因天气炎热，无法通过。悟空好不容易借得铁扇公主的芭蕉扇，又被她的丈夫牛魔王骗去。悟空在八戒的帮助下，大战牛魔王，牛魔王终因力倦神疲，败阵而逃。可是牛魔王也不简单，他会变。他见悟空紧紧追赶，就摇身一变，变作一只天鹅飞走了。悟空也摇身一变，变作一只海东青抓天鹅。牛魔王知道海东青是悟空变的，急忙抖抖翅膀，变作一只黄鹰，反过来去捉海东青。悟空又变作一只乌凤，去赶黄鹰。牛魔王一看不好，变作一只白鹤，长叫一声，向南飞去……

　　这是《西游记》里面一段孙悟空借芭蕉扇的故事，它可以帮助我们理解函数的概念。

　　我们先从这个"变"字谈起。孙悟空和牛魔王神通广大，他们都能变成飞禽走兽和各种角色（可以看作是"变量"）。当然，这些都是神话，不是真情实事。不过，世界上的一切事物的确都是不断变化着的。既然物质在变化，表示这些量大小的数自然也要随着变化了。

　　另外，我们再来看一看，变量与变量之间有没有什么联系。变量并不是孤立地在那里变，在变化过程中，变量与变量之间有着密切的联系并相互制约。仍以上面那段故事来说，孙悟空和牛魔王各显神通，都在变。牛魔王变成一只天鹅，孙悟空随着变成一只海东青；牛魔王变成一只黄鹰，孙悟空随着变成一只乌凤……这里，牛魔王总是先变，他变的目的是千方百计想逃跑；孙悟空是随着牛魔王的变化而变化的。所以，牛魔王就好像是"自变量"，而孙悟空则是牛魔王的"函数"。牛魔王能变，但并不是随心所欲，想变什么就变什么。这就好像是自变量有它的允许值范围，也就是函数的定义域。孙悟空善变，也只能七十二变，也是有范围的，这就是函数的值域。

下面，让我们从数字方面来看一下函数。先在脑海中浮现 0，1，2，3…这样一组整数，针对这组整数，让我们找出一组完全不同的数来与它相对应，比如 0，10，20，30…此时，我提一个问题："与 4 对应的数是什么呢？"答案很简单，是 40。接着我再问："与 7 对应的数是什么呢？"相信大家也能够轻松地回答出来，"是 70"。这说明大家已经发现了一个规则——答案是给出数的 10 倍。而这个规则实际上就是"函数"。

所谓函数，就是使某个数与另外一个新数相对应的规则。如果"用某个数的 10 倍得出一个新数"，那么"10 倍"就是一个规则，就是函数。如果用 x 来表示某个数，用 y 来表示新数，这个规则就可以表示为 $y=10x$。我们将某个数与新数的这种关系叫作一次函数。如果规则是"用某个数的平方得出一个新数"，那么与 0，1，2，3…相对应的数就是 0，1，4，9…此时可以用 $y=x^2$ 来表示这个规则。我们将这种关系叫作二次函数。其中，某个数 x 叫作自变量，新数 y 叫作因变量。变量可以是上述例子中的整数，也可以是实数和复数。

其实，就连家庭主妇每天也都在使用函数。比如，如果 1 千克大米是 10 元，那么 5 千克大米就是 50 元。即使没有意识到这是函数关系，也可以认为它是一种简单的比例关系，而这种比例关系就是一次函数。自变量 x 表示购入大米的数量，函数值 y 表示价格，购入大米的数量和价格之间的关系可以用 $y=10x$ 这个一次函数来表示。

函数定义简史

"函数"这个数学名词是由莱布尼茨在 17 世纪首先采用的。1718 年，约翰·伯努利对函数作了最初的定义："一个变量的函数是指由这个变量和常量以任何一种方式组成的一种量。"1775 年，欧拉在《微分学原理》一书中又提出了函数的一个定义："如果某些量以如下方式依赖于另一些量，即当后者变化时，前者本身也发生变化，则称前一些量是后一些量的函数。"现代正式的函数定义是狄利克雷提出的。中文数学书上使用的"函数"一词是转译词，是我国清代数学家李善兰在翻译《代数学》一书时，把"function"译成"函数"的。中国古代"函"字与"含"字通用，都有着"包含"的意思。李善兰给出的定义是："凡是公式中含有变量 x，则该式子叫作 x 的函数。"所以"函数"是指公式里含有变量的意思。

抛掷硬币中的数学问题

在一场乒乓球比赛开始前，你注意过裁判员是怎样确定谁先发球的吗？常用的一种方法是：裁判员拿出一枚硬币，随意指定一名运动员，要他猜硬币抛到地上后，朝上的一面是正面（有国徽的一面）还是反面（有字的一面）。若猜对了就由这个运动员先发球，猜错了就由另一个运动员先发球。

在国际乒乓球比赛中，也是用类似的方法决定谁先发球。不同的是，不再抛掷硬币，而是抛一个抽签器。抽签器是一个均匀的塑料圆板，就像一个大的硬币似的。它的正面有一个红圈，反面有一个绿圈。

抛硬币

为什么要用这样的办法来决定谁先发球呢？

我们知道，抽签的办法一定要使参加比赛的双方运动员感到，他们每一方取得发球权的机会是相等的，或说他们猜对与猜错的可能性是相同的。对抛一枚硬币来说，也就是要求它出现正面和出现反面的可能性一样大。是不是这样呢？我们需要通过试验才能确定。

近三百年来，有不少数学家为研究这个问题，曾耐心地做过成千上万次抛掷硬币的试验。例如，数学家皮尔逊就曾把硬币抛掷了 24 000 次。我们通常把**出现正面的次**

数 *m*/ 抛掷硬币的次数 *n* 简称为出现正面的频率。下表是一个试验的结果。

抛掷硬币的次数 *n*	出现正面的次数 *m*	出现正面的频率 *m/n*
200	104	0.52
1 000	506	0.506
2 000	986	0.493
4 000	2 031	0.500 8
5 000	2 516	0.500 3

从这个试验结果我们可以看出，当抛掷硬币的次数增多时，出现正面的频率就接近 1/2，并在 1/2 的附近摆动。我们把 1/2 这个数当作出现正面的可能性的大小，很明显，出现反面的可能性也是 1/2。就是说，出现正面和出现反面的可能性是相等的（这就是抛掷硬币的规律）。因此人们利用抛硬币或塑料圆板来决定谁先发球是十分公平的。

数学家们做这么多的试验，并不仅仅是为了使人们在抽签时感到放心，更主要的意义在于，人们开始把利用数学探求自然界奥秘的工作，引向了一个千百年来被视为"风云莫测"的偶然世界。

当你仔细观察生活中的各种现象时，就会发现有好多事件在一定的条件下必定会发生。比如，早上太阳一定会从东方升起；在地球上，上抛的石头一定会往下落；三角形两边之和一定大于第三边，等等。我们把这类事件称为必然事件。有的事件在一定的条件下不会发生。比如，太阳会从西边升起；在地球上，上抛的石头不下落；三角形两边的和不大于第三边，等等。我们称这类事件为不可能事件。对于这两类事件，在它们还没有发生的时候，我们就能够确定结果，就像我们知道在算术中 3 加 2 一定等于 5 一样。我们学过的算术、代数和几何等，所讨论的都是这两种确定的事件。

生活中还存在着另一类事件：在一定条件下，它们可能发生，也可能不发生。前面说的"抛掷一枚硬币出现正面"就是一个例子。在抛掷硬币前，谁也不能事先断定一定出现正面。又如春天在地里播下了向日葵种子，在长出小苗前，你能知道有多少粒种子发芽吗？这是不可能在事前断定的。我们把这类事件叫作随机事件（或偶然事件）。

我们在生活中经常会碰到偶然事件，甚至有些看来是确定性的事件，也会带有偶然性。例如，测量一个圆柱形工件的直径，粗略地测量时你会觉得量的值很准确；当仔细测量时，你才会明白由于仪器测量的误差、读数的偏差、温度变化的影响等各种各样的原因，每次测量所得到的数值都可能不同，即测量的结果是一个随机事件。正因如此，我国生产第一台万吨水压机时，为了得到准确数据，测量者对主轴的直径就测量了两千多次！

由于生活和生产中的偶然事件很多，人们改变了两千多年来在数学中只注重研究确定性事件的状态。从 16 世纪开始，人们才认真研究这些随机事件所包含的规律。抛掷硬币就是最早被研究的一个简单例子，这个例子表明随机事件是有规律的。现在，人们把研究随机事件内部规律的数学分支叫作"概率论"。

知识小链接

男孩多还是女孩多

人的出生和死亡是一件带有偶然性的事情。那它有没有规律可循呢？

经过大量的统计之后，人们发现了男孩和女孩出生率的规律，不论哪一个国家，哪一个民族，也不论是什么时候的统计资料，男孩的出生率都比女孩稍大一些：男孩出生的可能性约为 22/43；女孩出生的可能性约为 21/43。曾经，法国某地统计发现，当地男孩的出生率与 22/43 有较大的偏差。人们觉得很奇怪，仔细检查后发现，是资料在统计的过程中出了错，重新统计后人们得到男孩的出生率仍然接近 22/43。这说明经过大量统计得到的结果，确实反映出了男孩出生率这个随机事件的内部规律。

古老测地术促生几何学

　　奔腾的尼罗河经过埃及，分东西两支注入地中海，它像一把利剑把埃及分为东西两部分。这段尼罗河河床较宽，流水平缓。它的两岸是肥沃的良田，丰富的农产品养育着埃及人民，它是埃及文化的摇篮。但是，尼罗河每年7月河水泛滥成灾，汹涌的洪水吞没了尼罗河附近峡谷的广大土地，使河两岸变成一片汪洋。直到10月下旬，雨季过去，河水才退落。然而，每次河水都会冲走田间的界标，河床也发生了变更，这使古埃及的祭司们（古埃及的统治者）大伤脑筋，因为他们又要重新丈量土地。

　　古埃及的祭司在每年收获时向农民征收粮食作为捐税。征收粮食的多少取决于田地的大小。田大，征收的粮食就多；田小，征收的粮食就少。

　　河水把原来的土地冲得奇形怪状，使得只会丈量长方形和正方形的祭司们束手无策。有一个聪明的祭司，想起了先辈第一次发现面积算法时的情景。

　　寺庙里，人们正在用方砖铺地。铺七砖长、七砖宽的一块地面，要用七七四十九块方砖（7×7）；铺七砖长、九砖宽的一块地面，要用七九六十三块方砖（7×9）。有一个人从这些实际计算中得到启示，他高兴地说："你们看，要计算长方形或正方形的面积，只需要用长乘以宽就可以了。"

　　寺庙里一片欢腾，人们正在庆祝他们的伟大发现……

　　想着想着，祭司眼前的幻影变成了现实中奇形怪状的土地，他从沉思中回到了现实。

面对眼前难测的土地，他心里又盘算开了："这些田地很难划分成方形测量，但是划分成三角形却很容易。如果知道了求三角形面积的方法，就能测出任意直线边的农田面积了。"

想到这里，他有些高兴。回到家里，他找来一些麻布片，将其剪成一些正方形和长方形，又把正方形和长方形剪成三角形。巧极了！一个正方形的麻布片可以剪成两个相等的三角形，其面积分别是这个正方形面积的一半。一个长方形的麻布片也可以剪成两个相等的三角形，其面积分别是这个长方形面积的一半。由此，他得出了计算三角形面积的法则：三角形的面积等于长乘宽除以二。后来，在实际测量中，他又发现了求任意三角形面积的法则：任意三角形的面积等于底（相当于宽）乘高（相当于长）除以二。这为祭司们每年丈量土地提供了很大的方便。

河水年年泛滥，祭司们也不得不一次又一次、一年又一年地丈量这些土地，他们是世界上最早的职业测量员。

测量中会不断遇到新问题。用简单的求三角形面积的法则，并不能解决所有的问题。祭司们不可能把一个圆分成若干个小块，而块块都是标准的三角形。这就引出了求圆面积的问题。大约三千五百年以前，有一位叫阿赫美斯的文书写下了这么一条法则：圆的面积近似地等于边长为这个圆半径的正方形面积的三倍。

阿赫美斯还写了一本有名的《阿赫美斯手册》，书中记载了关于矩形、三角形和梯形面积的测量法，有关金字塔的几何问题，用北极星来确定南北方向以及用三根各长三、四、五尺的绳子作一个直角三角形等问题。更重要的是，它记载了以两个正方形为底的棱台体积公式：$V=\frac{1}{3}h(a^2+ab+b^2)$，其中，$a$，$b$ 分别是两个正方形的边长；h 是楼台的高。长期的测量工作，使埃及人积累了大量的测量知识，这就是几何学的雏形。

今天，我们还可以从"几何学"的外文原意，看到几何学来源于土地面积测量的情况。例如，在英文中这个词是"geometry"，就含有"测地术"的意思。至于我国所用的"几何"这个词，是明代科学家徐光启翻译的。我们很容易看出，"几何"两字的中文发音与"geo"相近，而且"几何"两字的中文含义"多少"与测地术也紧密相关，因此这种定名实际上采用的是一种音义兼顾的方法。

讲到这里，大家可千万不要误认为几何学就是地道的"洋货"了。要知道，我们中国也是有数千年历史的文明古国。勤劳的先民在征服大自然的斗争中，同样逐步认识了大自然的字母——

明代科学家徐光启

各种数学形体。例如，在安徽灵璧和浙江嘉兴发现的新石器时代的遗址中，考古学家就掘到了不少带有方格、米字、回字、椒眼和席纹等几何图案的碎陶片。比较迟一些的，有在河南安阳的殷墟中发掘出来的车轴，上面刻着五边形、六边形乃至九边形的装饰。而且，与古代埃及一样，我国人民也是在与洪水的斗争中学会了测量。《史记》中有这样的记载：远在 4 000 年前，夏禹治水的时候已是"左准绳，右规矩"。也就是说，夏禹是左手拿着水准工具和绳尺，右手带着规（圆规）和矩（角尺一类画方的工具）去进行测量工作的。不言而喻，规和矩的使用，已标志着我国人民对"圆"和"方"这两种基本的几何图形有了比较深入的认识。公元前 5 世纪，我国古代著名的学者墨翟及其弟子在《墨子》一书中对"圆"和"方"作了准确的定义。这在当时的世界上，是相当严谨的了。

知识小链接

徐光启传略

徐光启，明代科学家，上海县（今上海市）人，明代万历三十二年（公元1604年）进士；崇祯元年（公元1628年）擢升礼部尚书；崇祯五年，以本官兼东阁大学士入参机务；崇祯六年，兼任文渊阁大学士。他较早向意大利传教士利玛窦学习天文、历算、火器等知识，曾编著《农政全书》，并主持编著《崇祯历书》；其译著较多，以《几何原本》《泰西水法》《测量法义》《勾股术》最为著名。他是我国古代向西方学习科学的先驱，著有《徐光启集》。其死后葬在上海李纵泾和肇家浜两河汇合之处，该地因此得名"徐家汇"。

欧几里得的精彩总结

公元前 600 年至公元前 300 年，是希腊数学史上的一个重要时期。在这 300 年里，数学摆脱了狭隘经验的束缚，迈入了初等数学时期。古希腊人强调抽象，他们将公理法和演绎推理方式引入数学领域，揭示了数学学科两个最重要的本质特征。这对人类科学文化的发展，特别是对西方数学的发展影响极其深远。为了与以后的希腊文明相区别，人们把这段时间称作希腊古典数学时期。

古典时期的希腊数学家们发掘了异常众多的数学材料，摘取了光彩炫目的数学成果。但是，数学不能只是材料的堆砌、成果的罗列，于是，整理总结先辈们开创的数学研究，就成了后代希腊数学家义不容辞的职责。这方面，欧几里得的工作最为出色。

数学家欧几里得

欧几里得是一位博学的数学家，他尤其擅长对几何定理的证明；他也是一位温良敦厚的教育家，颇受学生的敬重。据说，就连当时的国王托勒密也曾向他请教过几何问题。

作为一位数学家，欧几里得的名望不在于他的数学创造，而在于他编写了一部划时代的数学著作——《几何原本》。这本书系统地整理了前人的数学研究，对古典时期的希腊数学作了一个精彩的总结。

在《几何原本》里，欧几里得独创了一种陈述方式。他首先明确地提出所有的定义，精心选择了五个公理和五个公设，作为全部数学推理的基础；然后有条不紊地、由简到繁地证明了 467 个最重要的定理。由一小批公理和公设竟能证明出这么多的定理来，而且，这些公理和公设，少一个则基础不巩固，多一个却又累赘，其中自有很深的奥妙。欧几里得独创的陈述方式，一直为后代数学家们所沿用。

论证之精彩，逻辑之严密，是《几何原本》的又一大特色。书中的定理虽然大多数已由前人证明过，但往往较马虎，经欧几里得之手后，许多证明才变得无懈可击。比如"质数的个数有无穷多"这个定理，欧几里得的证明就相当简洁漂亮。他首先假设质数的个数只有有限个，并且最大的一个是 N。把这些质数都乘起来再加 1，就会得到一个新的数：$1 \times 2 \times 3 \times 5 \times \cdots \times N + 1$。欧几里得开始论证：如果新的数是一个质数，由于它比 N 还大，一定不会是原有质数中的某一个；如果新的数不是一个质数，那么它一定能被原有的质数所整除，而这显然是不可能的。这两种情况都与原先的假设相矛盾，说明新的数一定是一个新的质数，从而也就证明了质数的个数有无穷多。

《几何原本》共 13 卷，书中介绍了直线和圆的基本性质、比例论、数论和立体几何等方面的知识。它是古代西方第一部完整的数学专著，长期被奉为科学著作的典范，并统御几何学达 2 000 年之久。据说，自中国的活字印刷术传到欧洲后，《几何原本》已被用各种文字出版了一千多次，它对西方数学的影响超过了任何书。后来，西方人干脆把《几何原本》中阐述的几何知识称作欧几里得几何学。

虽然《几何原本》作为科学著作典范传诵至今，但它也有不完善的地方。例如，其基础部分不够严密，有些证明有遗漏和讹误，不少地方以特例来证明一般，在某种程度上是前人著作的堆砌，全书未一气呵成等。

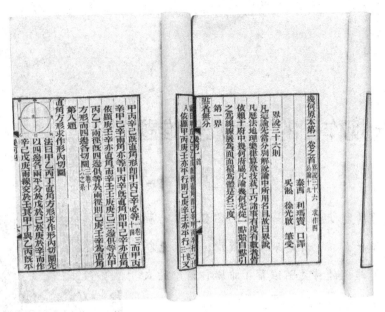

《几何原本》书影

知识小链接

几何学家罗巴切夫斯基

1826年，罗巴切夫斯基在喀山大学的数理系会议上宣读了他关于新几何学的研究成果，后来他又于1829—1830年出版了一本内容丰富的著作《论几何原本》。在这本著作中，罗巴切夫斯基把他对于新几何学的观点叙述得相当完整。他的工作是高斯和雅诺什所不能相比的。因此，后来人们就把这种非欧几何叫作"罗巴切夫斯基几何学"，简称"罗氏几何学"。

继罗巴切夫斯基之后，一些大数学家也加入到对新几何学的研究中来。关于空间学说的范围变得越来越广泛，并产生了对不同几何思想的研究。罗巴切夫斯基完成了数学史上最大的一场革命，从而被誉为"几何学界的哥白尼"。

尺规作图的三大几何难题

阴森恐怖的监狱里囚禁着无辜的学者安拉克萨哥拉。他犯了什么罪？说起来十分荒唐，他只是断言太阳并不是非凡的神灵阿波罗（希腊神话中的太阳神）的化身，而是一个硕大无比的火球。

厚厚的牢墙、坚固的牢门禁锢了安拉克萨哥拉的人身自由，却禁锢不了他的思想。透过满是粗大栏杆的窗口，安拉克萨哥拉看到起伏的丘峦和广阔的原野依旧呈现出不可名状的几何结构美。于是，他暂时忘却了心中的忧伤，拾起一根小木条，在地上画起图来……

古希腊哲学家、科学家安拉克萨哥拉

据说，安拉克萨哥拉在监狱中思考过这样一个问题：怎样作一个正方形，使它的面积恰好等于某个已知圆的面积呢？然而，他没能解决这个问题，古希腊的数学家们也没能解决这个问题。在之后的漫长岁月里，无数数学家对这个问题进行了论证，可都没有得出答案。

这个问题叫作化圆为方问题，是古希腊几何学里的一个著名难题。类似的难题还有两个：

- 立方倍积问题——作一立方体，使它的体积等于已知立方体的两倍；

- 三等分角问题——把一个任意角分成三等份。

关于以上三大几何难题的起因，有许多传说。比如立方倍积问题，就有这样一个传说：古希腊有一座名叫第罗斯的岛。有一年，岛上瘟疫横行，死亡枕藉。幸存的居民日夜匍匐在祭坛前，祈求神灵免除灾难。许多天过去了，巫师终于传达了神灵的旨意，原来是神灵认为祭坛太小了，人们对他不够虔诚。要想结束这场灾难，第罗斯人必须把祭坛的体积加大一倍，但不许改变祭坛的形状。

传说终归是传说，其中常常掺杂着杜撰的情节和虚构的神灵。三大几何难题应是产生于人们对几何问题的研究中。希腊人掌握了二等分一个任意角的方法后，很自然地会去想怎样三等分一个任意角。立方倍积问题也是这样：希腊人知道以正方形的对角线为一条边，可以作一个新的正方形，而新正方形的面积恰好是原正方形面积的两倍，他们进而联想到把立方体加倍，也就是顺理成章的事情了。

当然，如果三大几何难题仅仅像前面那样表述，是不难解决的。比如三等分角问题，用量角器一量，不就轻而易举地解决了吗？三大几何难题之所以难，在于古希腊人对作图工具作了限制，即作图时只准使用直尺和圆规。其实，如果仅仅这样限制，这些题仍然不难。古希腊数学家阿基米德就曾经只用直尺和圆规，解决了三等分角问题。阿基米德的方法是这样的：

假设所要三等分的角是 $\angle ACB$。在直尺上取一点，记做点 P，令直尺的一端为 O；以 C 为圆心，OP 为半径作半圆，分别交 $\angle ACB$ 的两边 AC、BC 于 A、B 两点；移动直尺，使直尺上的 O 点在 AC 的延长线上移动，P 点在圆周上移动，当直尺正好通过 B 点时，连接 OPB，则 $\angle COP = \dfrac{1}{3} \angle ACB$（如下图所示）。

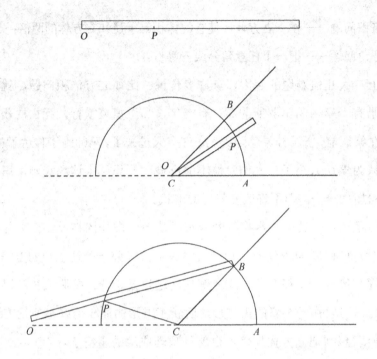

但是，阿基米德并没有真正解决三等分角问题，因为他作图时，在直尺上作了标记，实际上使直尺具有了刻度的功能，这违反了古希腊人对作图工具的另一个限制：直尺不能有任何刻度，而且直尺和圆规都只准许使用有限次。

在上述两项规定限制下的几何作图问题，叫尺规作图问题。它鲜明地体现了古希腊几何学的特点：数学家们要求从最少的基本命题，推导出尽可能多的数学结论。为了与这种精神相吻合，古希腊人对作图工具也提出了"少到不能再少"的要求。他们异常强调严密的逻辑结构，这种严谨的治学态度，一直影响着后代的数学家。

三大几何难题虽然题意简单，几乎每个人都能弄懂，但却使许多杰出的数学家也束手无策。因此，这些题具有极大的魅力，吸引着千千万万的人去解答。

两千多年里，一个又一个数学家欣喜若狂地宣称："我解决了三大几何难题！"可是不久人们就发现，他们或多或少都存在一些无法改正的错误。从他们的失败中，人们逐渐怀疑这些难题是不能用尺规作图法解决的，于是数学家们转而研究这些问题的反面。因为只要能够证明这些几何图形不能用尺规作图的方法作出，也就解决了三大几何难题。

人类的智慧终于获得了胜利。1837年，旺策尔证明了三等分角和立方倍积问题不能用尺规作图解决。1882年，数学家林德曼证明了π是超越数，从而证明了化圆为方问题也不能用尺规作图解决。最后，1895年，德国数学家克莱因在总结前人研究的基础上，给出了几何三大难题不能用尺规作图的简单而清晰的证明，从而使两千多年未得解决的问题告一段落。

知识小链接

最早的作图工具

圆规和直尺是最常用且最基本的几何作图工具。两条直尺垂直地装配起来，就成了木工用的曲尺，这在古代叫作矩。规（圆规）和矩是古人最早使用的测量和画图工具，它们对几何学的发展起了重要的作用。

据考古学者研究，大约在公元前15世纪殷商时代的甲骨文中，就已经有了"规"和"矩"两个字。战国时期的学者尸佼著的《尸子》里记载："古者，倕为规、矩、准、绳，使天下仿焉。""倕"传说是黄帝或唐尧时期的一位能工巧匠；"准"是水准器；"绳"是铅垂线。上面这句话的大意是说，古代的倕发明了规、矩、准、绳这四样器具，让天下的工匠模仿。可见，在四五千年以前，古人就已有了测量、作图的工具，懂得了"圆、方、平、直"的概念。

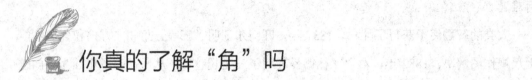

你真的了解"角"吗

在几何学处于襁褓中时，测量已经成为一项重要的工作。例如，在茫茫的大海上航行，测量方向至关重要。

从方向出发，很自然地会引出"角"这一概念。在测量中，线段与角的度量是两个基本问题。下面，我们从实例开始，进入角的神秘世界！

假设你站在平坦的操场上，要从 A 点走向 B 点，最省时的走法肯定是走直线。如何才能做到呢？显然你必须站在 A 点向 B 点看，然后一步一步地走在线段 AB 上。在这里，由 A 点出发，沿着朝向 B 点的固定方向一直走下去，它的路线就是一条射线。这条射线可以看作是从 A 点出发的一个方向，但这个方向并不是只能由线段 AB 决定。

事实上，从 A 点朝向 B 点走时，如果第一步是跨在线段 AB 的一点 C 上（如下图所示），那么走的方向也可以由线段 AC 决定。也就是说，一条以 A 为端点的射线，由起始的任何一小段都可以确定它的方向。因此，我们把射线用端点字母和射线上面任意一点的字母来表示。例如，下图的射线就写作 AB 或 AC（注意，端点字母必须写在前面）。

　　当然，由定点 A 出发的方向并不是唯一的。但是，对应于自 A 点出发的一个方向，有唯一的一条射线（即自 A 点出发沿着这个方向一直走的路线）；反过来，任何一条以 A 点为端点的射线也唯一地表示了一个确定的方向。

　　现在，假设你要从 A 点走向 D 点。开始时你面向 B，要到达目的地，存在一个"方向差"。怎样才能纠正这个偏差呢？你肯定要把身子转一下，使自己由面向 B 改为面向 D。这个过程的抽象表述就是把射线 AB 由原来的位置绕 A 点旋转到射线 AD 所在的位置，所得到的几何图形就是∠BAD（如下图所示）。

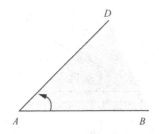

　　由此看来，如果以"静"的观点看待角，它就是以一点为公共端点（即"顶点"）的两条射线所组成的图形；如果以"动"的观点看待角，它就是由一条射线绕它的端点旋转而成的图形（射线旋转开始的位置和终止的位置分别是"始边"和"终边"）。

　　当然，以"动"的观点来认识角更清楚。以上图为例，若不画出标志旋转的箭头，那么，∠BAD 的内部究竟是指画阴影的部分，还是不画阴影的部分？这时两种回答都对。但是，若指明了始边、终边和旋转的方向，则∠BAD 的内部肯定是指画阴影的部分，而不能有别的解释了。

　　下面我们看看角的度量。

　　首先要认识到，就像度量线段 PQ 的"长度"是度量表示 P、Q 这两个位置之间的距离一样，度量∠BAD 的"角度"就是度量射线 AB 和 AD 所表示的这两个方向之间的

差别，或者说度量将射线 *AB* 旋转到射线 *AD* 的旋转量。所以，角度的大小要通过旋转时射线所扫过的角的"内部"来表示，至于在图上把一个角的边画得长一点或者短一点，对角的大小是没有影响的。

例如，给定∠*AOB* 和∠*A'O'B'*，要比较它们的大小，可以使顶点 *O* 和 *O'* 重合，始边 *OA* 和 *O'A'* 重合，且使两个角的内部位于相重边的同侧。此时，假若终边 *OB* 落在∠*A'O'B'* 的内部（如下图所示），那么∠*AOB* 由始边到终边的旋转量要比∠*A'O'B'* 的小，所以∠*AOB*< ∠*A'O'B'*。

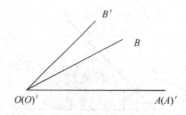

那么，角度又是用什么单位来表示的呢？

要想把这个问题搞清楚，我们需要懂得这样一个基本事实，那就是常用的量大致可分为两大类：其中一类，如一群羊、一堆蛋，它们具有天然的个别单位，即一只羊、一个蛋，因而处理这一类量只要数一数它们的个数就行了；而另一类，例如前面所说的长度及角度，它们并不具有天然的个别单位，但可以无限细分，因此可以选用人为划分的单位去度量它们。例如，国际通用的长度单位"米"，是以通过法国巴黎的地球子午线从赤道到北极长度的千万分之一来规定的。考虑到线段的长度不一定都是米的整数倍，于是，又将米以十分之一、百分之一划分，规定了"分米""厘米"等这些更小的长度单位。

角度单位的选取，与长度单位选取的做法基本相同。由于角度是射线绕端点旋转的旋转量，角度单位可以根据一条射线旋转一周所得的角（即周角）来规定。事实上，我们通常所用的角的单位正是以把一个周角平均分成 360 等份，再取一份叫作"度"来规定的。而且，与制作刻度尺一样，人们也制作了量角器来度量角的大小。另外，为了适应精确度量的需要，人们又取 1 度的六十分之一为"分"，取 1 分的六十分之一为"秒"，来作为更小的角度单位。但这些更小的角度单位，一般无法在量角器上显示出来。

看到这里，你也许会产生这样一个疑问：为什么角度单位不采用十进位制，而采用六十进位制呢？这是因为古代数学家在选取角度单位时，发现六十进位制有它特殊方便的地方。不知你是否注意到单位分数的一个特点：以 $\frac{1}{60}$ 为单位时，$\frac{1}{2}$，$\frac{1}{3}$，$\frac{1}{4}$，$\frac{1}{5}$，$\frac{1}{6}$ 都恰好能成为它的整倍数，以 $\frac{1}{10}$ 为单位时就不能做到这一点。例如，学习三角形时我们经常会遇到一个周角的 $\frac{1}{6}$ 这种角，在十进位制里，$\frac{1}{6}$ 会变成无限小数，远不如应用六十进位制简便。由于六十进位制在角的度量中有它的优点，再加上这种进位制已长久地为全世界的数学家们所习惯，它也就一直沿用到今天。

知识小链接

古代的角

古人对角的认识可以追溯到周代。古代劳动人民在制造农具、车辆、兵器、乐器等器具时，产生了两条直线间角度的概念。春秋时期的《考工记》一书里，用"倨句"表示角，对几种特殊的角都作了阐述，并且定了专门的名称。例如，90°的角叫作矩，45°的角叫作宣，135°的角叫作磬折等。"矩""宣""磬折"等都是一些实物的名称。"磬"是一种古代的乐器，用石或玉雕成，悬挂在架上，击之而鸣。"磬折"就是"弯如磬"之意。

欧氏几何中的平行

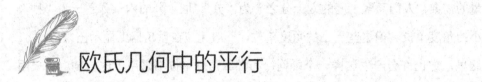

同一平面内，点和直线的位置关系可归纳为下面几种。

- 点和点的位置关系 $\begin{cases} 不重合 \\ 重合 \end{cases}$

- 点和直线的位置关系 $\begin{cases} 点不在直线上 \\ 点在直线上 \end{cases}$

- 直线和直线的位置关系 $\begin{cases} 平行（没有公共点） \\ 相交（仅有一个公共点） \\ 重合（至少有两个以上的公共点） \end{cases}$

两条直线互相垂直的情况呢？其实那是两条直线相交的特例。

在上述位置关系中，最伤脑筋的是两条直线平行的情况。因为根据平行线的定义我们并不能直接判定两条直线是否平行。例如，一个房间正面的墙与左、右两面墙的接缝处，它们所在的直线是否平行呢？有人肯定会说，是平行的，不然房子就会倒塌。但是，若根据平行线的定义来判定，应该把这两条线向两个方向无限延伸。此时，我们并不能确定延伸后两条直线的位置，又如何断言它们没有交点呢？

事实上，房子墙壁若不歪斜，两道墙缝就都与水平线垂直（如下图所示）。这时，下图中的 $\angle 1 = \angle 2 = 90°$。因此，我们可以利用角的关系，来判定两条直线是否平行。

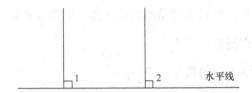

将上述问题进行推广，可得到判定两条直线平行的基本方法：两条直线被第三条直线所截，如果同位角相等，那么这两条直线平行。

接下来，我们分析一下这个判定方法的道理。如下图所示，设两条直线 *AB*、*CD* 与直线 *EF* 相交于点 *E*、*F*，且同位角∠1=∠2。如果 *AB* 和 *CD* 不平行，那么设它们相交于右边 *P* 点。此时，我们设想用一张可以任意延展的透明塑胶片盖在上面，并将图上的三条直线复印在塑胶片上。然后用一根针插在 *EF* 的中点 *M* 上，并把塑胶片绕针旋转180°，使 *ME* 转到 *MF* 的位置，*MF* 转到 *ME* 的位置。于是，由∠4=∠1=∠2 可知，射线 *EA* 与 *FD* 重合；由∠3=∠2=∠1 可知，射线 *FC* 与 *EB* 重合。这样，塑胶片上的射线 *EA* 与 *FC* 也相交于与 *P* 对应的一点，回到原图，就是直线 *AB* 与 *CD* 也相交于左边的 *P'* 点。现 *AB* 与 *CD* 有两个点重合，因此它们必然重合，这与假设条件矛盾。所以，*AB* 与 *CD* 不可能有交点，也就是说 *AB* // *CD*。

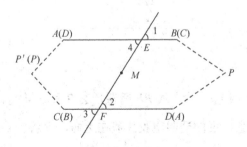

平行线的另外两个判定方法（定理），即"内错角相等，则两直线平行""同旁内角互补，则两直线平行"，都可以由基本判定方法（公理）推导出来。

下面，我们再来看看平行线的性质。如果说平行线的判定是"由角定线"，那么反

过来，若已知两直线平行，也自然容易想到某些角一定会存在相等或互补的关系，即：

(1) 两直线平行，则同位角相等；

(2) 两直线平行，则内错角相等；

(3) 两直线平行，则同旁内角互补。

在课本上，性质（2）和（3）是由性质（1）推导出来的，而性质（1）则是作为"基本性质"直接给出的。我们不妨试一试，用类似前述的方法来分析这个"基本性质"的道理。

如下图所示，设直线 l 与 CD 相交于 F。仍设想用一张可以任意延展的透明塑胶片盖在上面，并将图上的两条直线复印在塑胶片上，且记复印的两条直线为 l' 与 $C'D'$，其交点为 F'。此时，若在保持 l 与 l' 重合的条件下移动塑胶片，则图中的 $\angle 1 = \angle 2$。由平行线基本判定方法可知 $C'D'/\!/CD$。

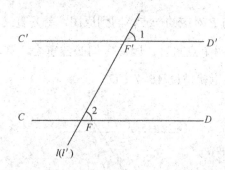

再设直线 $AB/\!/CD$，且它们被直线 EF 所截，$\angle 3$ 和 $\angle 4$ 是同位角，且 $\angle 3 \neq \angle 4$。还是设想用一张可以任意延展的透明塑胶片盖在上面，并将图上的三条直线复印在塑胶片上；然后在保持塑胶片和原图上的直线 EF 重合的条件下移动塑胶片，使塑胶片上的 F 与图上的 E 重合；再将塑胶片上的直线 CD 复印到图上，记为 $C'D'$。于是，一方面由前述的理由可知，$C'D'/\!/CD$；另一方面，由 $\angle 3 \neq \angle 4$ 可知，射线 ED' 不与 EB 重合。

这样，过 E 点有两条直线 AB、$C'D'$，都与 CD 平行。这与平行线的另一基本性质"经过直线外一点有且只有一条直线与已知直线平行"相矛盾。因此，$\angle 3 \neq \angle 4$ 不成立，则 $\angle 3 = \angle 4$。

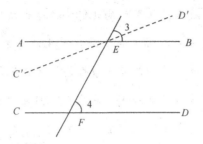

仔细想一想，这个结论的真实性不仅依赖于平行线的"基本判定方法"，也依赖于平行线的另一"基本性质"。这个"基本性质"在课本上称为"平行公理"，它也是不加证明而直接给出的。它是不是显而易见的呢？这要从两方面来说：一方面，经过直线外一点是否"存在"一条直线和已知直线平行呢？由于能作出一个角等于已知角，因而根据平行线的"基本判定方法"，我们就能经过直线外一点，实际作出一条直线与已知直线平行；但另一方面，经过直线外一点是否只存在"唯一"的一条直线和已知直线平行呢？

从《几何原本》中可以看到，欧几里得本人对于直接承认这个"基本性质"似乎也是不满意的。他总是竭力避免或推迟应用它，但最后还是不可避免地用到了，不然平行线的理论就建立不起来，几何学中的一系列论断也将缺乏理论基础。在欧几里得以后，许多数学家对"平行公理"仍然抱着怀疑的态度，他们总是尝试从其他更明显的论断出发把它推导出来，但最后都以失败告终。直至 19 世纪，德国数学家高斯、匈牙利数学家波尔约、俄国数学家罗巴切夫斯基等人各自独立地认识到"平行公理"是不可证明的，并由此建立了非欧几里得几何学。

知识小链接

非欧几何

从广义上说，一切与欧氏几何不同的几何学都是非欧几何。人们通常所说的非欧几何指的是罗氏几何（也叫双曲几何）和黎氏几何（也叫椭圆几何）。非欧几何与欧氏几何的主要区别在于，前者改变了后者的平行公理。非欧几何是我们所不习惯的几何世界。以三角形的内角和为例，在欧氏几何里，它等于$180°$；而在罗氏几何里，它却小于$180°$；在黎氏几何里，它又大于$180°$。虽然欧氏几何和非欧几何在表面上似有矛盾，但它们都反映了现实空间的相对真理。用欧氏几何的形式还可把非欧几何在某些曲面上表示出来。

丰富多彩的三角形

三角形的房顶

你见过房顶呈三角形的房子吗？人们为什么要把房顶修成三角形呢？一是为了使落在房顶上的雨水能及时流下来，保护房顶不被雨水浸坏；更主要的原因是三角形的房顶十分稳定、牢固。

为了说明三角形稳定、牢固，我们可以动手做两个模型：用三根木棍做一个三角形，再用四根木棍做一个四边形。注意两根木棍相接处不要钉死，要使它们可以活动。做好两个模型后，分别推它们一下。你会发现，三角形纹丝不动，而四边形却改变了形状。

数学上把三角形的这个特性叫作"三角形的稳定性"。由此我们可以知道,三条腿的凳子比四条腿的更牢固。

一个三角形有六个元素——三条边和三个角。但是,也不是任意的三条线段和三个角就能拼凑出一个三角形来。三角形虽然"结构"简单,但却是一个完美的整体。它的角与角、边与边、边与角之间都存在一定的关系:

(1) 三角形的三个内角和等于180°。

(2) 三角形两边之和大于第三边,两边之差小于第三边。

(3) 如果三角形的两条边相等,那么它们与底边所夹的角也相等;如果两条边不等,那么它们与底边所夹的角也不等,大边所对的角较大。反过来,如果两个角相等,那么它们所对应的边也相等;如果两个角不等,那么它们所对应的边也不等,大角所对的边较长。

我们可以看出,其中除了少数是精确的"定量"关系以外,其他都只是"定性"关系,也就是只解决了"大于"或"小于"的问题,而没有解决"大多少"或"小多少"的问题。如果要解决这些问题,则要用到代数中的"三角函数"。在几何中,对三角形边角关系的研究重点在于它们的不等关系。

三角形是所有图形的基本,是分析四边形、五边形等其他图形的工具。不论是什么样的三角形,其内角之和一定是180°。利用这个几何定理,我们可以计算多边形的内角和。例如,四边形可以分解成两个三角形,所以四边形的内角之和为180°×2=360°;五边形可以分解成三个三角形,所以五边形的内角之和为180°×3=540°。

古希腊哲学家柏拉图

知道了三条边，三角形的大小和形状就完全确定了。不信的话，你用三根木棍组成一个三角形试试。不管用什么方式，组成的三角形的大小和形状总是一模一样的。但是，知道了三个角，三角形的形状虽然不变，大小却不一定一样。前者形状和大小都相同的两个三角形叫"全等三角形"；后者形状相同但大小不一样的两个三角形叫"相似三角形"。

下面我们了解一下对三角形全等的判定。首先，要懂得两个图形全等的意思。所谓两个图形全等，就是指它们的形状和大小完全相同。在全等符号"≌"中，"∽"表示形状相同，"＝"表示大小相等；这个符号的两层含义本身就表明了二者是缺一不可的。

怎样判定两个三角形是否全等呢？实际检验的方法就是看它们能否重合。如果能重合，它们就全等。此时，互相重合的部分叫作对应部分。

由上面的分析我们不难得知，如果两个三角形全等，那么它们的对应边、对应角都分别相等。当然，反过来也对，只是三角形的六个元素（三条边和三个角）相互存在着制约关系，因而判别两个三角形全等并不需要分别检验它们都对应相等。常用的三角形全等的判定方法有：边角边（SAS）、角边角（ASA）、边边边（SSS）、角角边（AAS）等。

知识小链接

古代的三角形面积公式

已知三角形的三边长，怎么计算它的面积？公元1世纪左右，古希腊著名数学家海伦的著作《测地术》中出现了一个重要的公式：$\triangle=\sqrt{s(s-a)(s-b)(s-c)}$。其中，"$\triangle$"为三角形的面积；$a$、$b$、$c$是三角形各边的长；$s=\frac{1}{2}(a+b+c)$。海伦对这个公式作出了证明，所以后人称这个公式为海伦公式。我国南宋时期的秦九韶也发现了

类似的求三角形面积的方法。他把三角形的三条边分别称为大斜、中斜、小斜，并在其所著的《数书九章》（1247年）中写道："以小斜幂，并大斜幂，减中斜幂，余半之，自乘于上；以小斜幂乘大斜幂，减上，余四约之，为实；一为从隅，开平方得积。"这段话写成公式为 $s=\sqrt{\dfrac{1}{4}\left[c^2a^2-\left(\dfrac{c^2+a^2-b^2}{2}\right)^2\right]}$。$a$（大斜）、$b$（中斜）、$c$（小斜）分别为 $\triangle ABC$ 三条边的长，s 为三角形的面积。这个公式，秦九韶称它为"三斜求积术"。

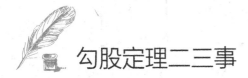

勾股定理二三事

随着空间技术的发展，人类开始设法访问外星高级智慧生物。怎样跟外太空的高级智慧生物联系上呢？最快速的方法当然莫过于发射无线电波。但是发射什么内容呢？我们知道，不同语言之间的交流是很困难的，连两个说不同语言的人都无法交流思想，更何况那些我们至今对其还一无所知的外星高级智慧生物呢。科学家们认为，最容易使外星高级智慧生物明白我们意思的是图形，因为眼和脑具有高度的识别与分析图形的能力。

用无线电波发送图形的技术问题早已被解决。那么，要发出怎样的图形才能使外星高级智慧生物知道我们也是会思考的文明人呢？我国著名数学家华罗庚曾提出一个设想——向太空发射数学图形。他认为，数学是一切智慧生物的共同语言，所以向太空发射数学图形是一种最有效的联络方式。

数学图形种类繁多，用哪个图形呢？华罗庚教授提出的方案中有如下图所示的两个图形。

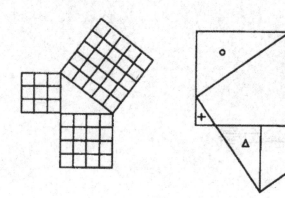

左边的图表现的是几何学中的勾股定理，右边的图是勾股定理的一个证明方法——我国古代的"青朱出入图"。

为什么勾股定理能够作为星际交流的语言呢？因为它反映了宇宙中最基本的形和数的关系，只要是有智慧的高级生物，就一定会懂得其含义。

我国是最早了解和应用勾股定理的国家之一。周朝的时候，有位大臣叫周公，他是一位很有才能的政治家，同时还很喜欢数学。他听说有位隐士叫商高，对数学很有研究，便想见见他。

一天，周公派人把商高请了来，两人在一起讨论数学问题。

周公很谦虚地对商高说："数学是一门了不起的学问啊，它的用途太广泛了，各行各业都离不开它。今天请您来，就是向您请教数学知识的。"

商高笑了笑说："不敢当。不知道您要研究哪个问题？"

周公说："现在不少地方都在筑城墙、修宫殿，请您先讲一讲，怎样测量高度和距离吧。"

商高便告诉周公，利用矩测量高度和距离的方法。

商高接着又说："矩的较短边叫勾，较长边叫股，两条边终点的连线叫弦。勾、股、弦之间有一个关系，如果勾长为 3 尺，股长为 4 尺，那么弦长一定是 5 尺。"

周公问道："要是勾长为 3 丈，股长为 4 丈，那么弦长一定是 5 丈了，对吧？"

"对的。"商高点了点头，说，"不管以什么作单位，勾为 3，股为 4，弦必是 5。"

周公十分赞许地说："我明白了。谢谢你的指教。"

商高对周公说的这一段话，记载在我国最早的天文学和数学著作《周髀算经》里。后来，人们把它简化为"勾 3、股 4、弦 5"。

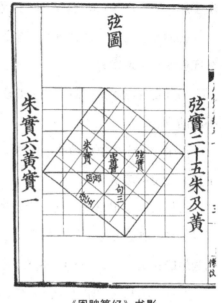

《周髀算经》书影

在直角三角形中，用勾、股、弦表示三条边，则：

$$勾^2 + 股^2 = 弦^2$$

用代数式表示，就是：

$$a^2 + b^2 = c^2$$

我们可以看到，我国很早就有勾股定理了，也有的人把它叫作"商高定理"。

但是，商高并不是最早发现"勾 3、股 4、弦 5"的。《周髀算经》中提到，早在大禹治水的时候，它就被发现了，并且得到了应用。大禹治水，是在公元前两千年左右，比商高早了将近一千年，比毕达哥拉斯早了一千五百多年。

传说那时候，我国黄河流域洪水泛滥。田地让洪水淹没了，房屋也被洪水冲倒了，老百姓扶老携幼四处逃难。舜帝派大禹去治水。大禹仔细考察了实地情况，又接受了前人的经验教训，认识到必须疏通河道，使水能够顺利地东流入海。开凿河道，就得测量地形。在利用准绳和规矩测量地形高度的过程中，人们对直角三角形边长的关系逐渐有

所了解。后来，"勾3、股4、弦5"便被发现了。

在西方，勾股定理被称为"毕达哥拉斯定理"，相传是古希腊数学家毕达哥拉斯于公元前550年发现的。

勾股定理看起来很简单，它的证明也不难，可是在两千五百多年前，这却是一个了不起的成就。

后来，由于战争和动乱，毕达哥拉斯的证明失传了。二百多年后，希腊数学家欧几里得又证明了这个定理。

古埃及人也很早就知道勾股定理了。他们在画直角时，就在绳子上打上12个距离相等的结，把它绷成一个三角形，使三角形三条边的边长比为3:4:5，从而得出一个直角。这利用的就是"勾3、股4、弦5"原理。

此外，玛雅人、印度人也在差不多的时间，都掌握了"勾3、股4、弦5"的知识。

 知识小链接

《周髀算经》

《周髀算经》是我国最古老的一部数学著作，也是一部天文学著作。据考证，它约成书于西汉时期。《周髀算经》完全是用对话的形式来写的。卷上载有周人在周的都城用标竿测日影定时辰之事，由此而得名。

该书大约从公元前100年一直流传到现在。全书可分成两部分：第一部分是写商高与周公（公元前1100年）在讨论数学时的对话，主要是讲解勾股定理和地面上的勾股测量；第二部分是写荣方向陈子请教数学问题时的对话，主要是讲述应用勾股定理测量天体，还讲述了复杂的分数计算等。

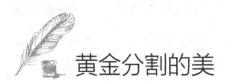

黄金分割的美

同学们也许会觉得很奇怪：黄金分割不是数学里的一个概念吗，怎么会与美有关系呢？

其实，黄金分割真的很美。中国的古典美崇尚对称，因为对称的图形能给人以优美、庄重的感觉；然而，在不对称的现象中却存在着另一种美，那就是黄金分割的美。也许同学们不会相信，但是如果大家仔细观察我们周围的生活，就会发现很多黄金分割美的例子。

舞台上，风度潇洒的报幕员报幕时，一般并不站在舞台的正中央，那样感觉太庄重、太严肃，有经验的报幕员往往站在舞台的"黄金分割点"处，在随意中透着一种和谐美。而且此时，声音的传播效果也最好，同学们可以自己试试。

很早以前，人们就已经注意到矩形在两边之比符合黄金分割比 0.618 时，是最美的（此时称为黄金矩形）。一百多年前，德国的心理学家弗希纳曾精心制作了各种比例的矩形，并举办了一次别开生面的矩形展览会。他邀请了 592 位朋友参观，并请大家参观完后投票，选出一个自己认为最美的矩形。结果，被选中的四个矩形的"长×宽"分别为 5×8，8×13，13×21，21×34。同学们应该能看出来，这四个矩形的边长之比都相当接近于 0.618。

看了上面的例子，是不是有点觉得黄金分割真的是美的使者了呢？事实上，古代的建筑大师和雕塑家们早就巧妙地利用黄金分割比创造出了雄伟的建筑杰作和令人惊叹的艺术珍品：世界七大奇迹之一的胡夫金字塔（公元前 2560 年建成），它的原高度与底部边长之比约为 0.618；庄严肃穆的雅典帕特农神庙（公元前 432 年建成），它的正面高度与宽度之比约为 0.618；风姿绰约的爱神维纳斯和健美潇洒的太阳神阿波罗的塑像，它们的下身与身高之比也都接近 0.618。也许古代的建筑师们只是无心地使用了黄金分割，但是黄金分割给我们带来的美的享受却是不容怀疑的。随着时间的推移、历史的进步，黄金分割正逐步显示出其绚丽多彩的美学价值。建筑、雕塑、音乐、绘画、舞台艺术、工艺装饰、家具摆设、服装款式等，只要是与人的形象审美有关的领域，无一不渗透着黄金分割的踪迹。

以上都在说黄金分割很美。那么什么是黄金分割？它又是如何出现的呢？下面我们来说说这些。

黄金分割实际上就是把一条长为 L 的线段分为两段，一段长为 L_1，另一段长为 L_2；其中 $L_1 > L_2$，并且 L_1 是 L 和 L_2 的比例中项（$L:L_1=L_1:L_2$）。

很容易就能得到 L 与 L_1 的比为：

$$\frac{L}{L_1} = \frac{\sqrt{5}+1}{2} \approx 1.618$$

L_1 与 L 的比为：

$$\frac{L_1}{L} = \frac{\sqrt{5}-1}{2} \approx 0.618$$

为了方便，人们把这两个比值统称为黄金比（又称中外比或黄金数）。

知道什么是黄金分割了，那怎样才能用直尺和圆规得到黄金分割呢？古希腊的大学者欧多克斯早就给出了黄金分割的尺规作图法，具体步骤如下：

（1）过已知线段 AB 的端点 B 作 $BC \perp AB$，且 $BC = \frac{1}{2} AB$（如下图所示）。

（2）连接 AC，以 C 为圆心，CB 为半径作圆弧交 AC 于 D。

（3）以 A 为圆心，AD 为半径作圆弧交 AB 于 E，则 E 即为线段 AB 的黄金分割点（$\dfrac{AE}{AB}$ 是黄金比）。

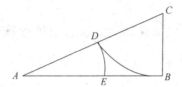

这样，就作出了线段 AB 的一个黄金分割点。至于 E 为什么是黄金分割点，这个问题很简单，有兴趣的同学可以自己试着去证明。

那么黄金分割是怎么得到的呢？它的发展过程又是怎样的呢？

最早接触黄金分割的是古希腊的毕达哥拉斯学派。据说，这个学派是古希腊数学家与哲学家毕达哥拉斯所创建的一个秘密学术团体，为了保证学派不被外人混入，他们决定以一个比较难画的几何图形正五角星作为该学派的会章。那么画正五角星与黄金分割又有什么关系呢？我们一起来看下面的推理就会明白了。

画正五角星先要画正五边形，然后把正五边形的各对角线连接起来就成了一个正五角星。$ABCDE$ 是一个正五边形（见下图），则有 $\triangle ABE \backsim \triangle PAE$，于是 $\dfrac{BE}{EA}=\dfrac{EA}{PE}$。又 $EA=AB=BP$，故 $\dfrac{BE}{BP}=\dfrac{BP}{PE}$。

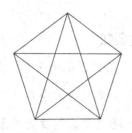
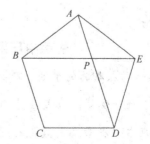

由于 P 点是线段 BE 上的点，又存在上式的比例关系，所以 P 点实际上是 BE 的黄金分割点。这样，毕达哥拉斯学派就成了最早接触黄金分割的学术团体。不过很可惜，该学派当时的兴趣是如何在线段上作出这个点，以便画出正五角星，而没有想到去探索这个点的更深层的一些性质。

从数学史上来看，真正最早开始对黄金分割进行研究的是欧多克斯。他给黄金比取名为"中外比"，给出了黄金分割点的尺规作图法，并创设了比例论，其中包括黄金分割理论。但是，他所研究的这些内容在很长一段时间内都没有得到应有的发展和重视。直到15～16世纪，欧洲进入了文艺复兴时期，绘画、艺术的发展才促进了对黄金分割的研究。19世纪以后，随着黄金分割美学价值的日益明显，特别是数学上优选法的出现，人们对黄金分割意义的认识才日益加深，对它的研究也越来越深刻。

现在想想，黄金分割被冠以"黄金"两字，正是说明了它的重要性和应用上的广泛性。而无数的事实也证明了黄金分割这个宇宙中美的使者已经印证了大数学家毕达哥拉斯的名言："凡是美的东西都具有一个共同特征，这就是部分与部分彼此之间，以及部分与整体之间固有的协调一致。"我们有理由相信，在科学日益进步的将来，黄金分割将会发出更加绚丽夺目的光彩，吸引着更多的有志之士去追逐它、更深刻地研究它，从而挖掘出它不为人知的更美丽的闪光点。

知识小链接

生活中巧用"黄金数"

物美价廉是一般人购物的准则，那么怎样才能做到这一点呢？我们不妨用"黄金数"——0.618作一尝试。以某茶为例，品级最高的每斤多在170元上下，品级最低的在20元左右。在最高与最低之间的0.618处的茶叶性价比最高。粗算一下这种茶叶价格为：

$$（170-20）×0.618+20≈112（元／斤）$$

这一档茶叶价格居中，色、香、味适度。实际上这种档次的茶叶恰恰是为多数消费者所欢迎的。

随着人们生活水平的提高，家用电器进入千家万户。在品种、价格纷繁的产品中，你应当选择哪种？"（高档价－低档价）×0.618＋低档价"最为适宜。

圆的妙用

圆是最常见的曲线：我们居住的地球是圆的，给地球光与热的太阳是圆的，人体内的红血球、血小板也是圆的。我们还可以找到许许多多圆形的事物。比如动物的外形，蚯蚓像一条圆柱；麻雀像一个圆球连在一个椭圆球上，再接上一个扇形的尾巴。植物的叶绿体是圆的，许多根、茎、叶、花、果实也是圆的。随着科学技术的发展，人们曾想象组成万物的原子是圆的。后来，从电子显微镜拍到的照片中可以看到，各种不同的原子的确是圆的。

古人很早就会画圆和制作圆形的东西。从地下发掘出来的公元前一千多年的陶器，大多数是圆形的，有的上面还画有圆形的图案。你也许会问，那时候的人有圆规吗？其实，找一枝树杈或者一根藤条，就可以画圆了。这就是最早的圆规。

圈有一个独特的性质——圆周上的每一点到圆心的距离都相等。自古以来，人们把车轮做成圆形的，就是利用圆的这个性质。最早的车身是固定在车轴上的，车轴是车轮的圆心。这样，车轮不停地转动，车身保持在一定的水平位置上，车辆行驶起来就又快又平稳了。

把各种各样的盖子做成圆的，也是利用圆的这个性质。如果我们把饼干桶的盖子做成正方形的，假设它的边长等于 1，由勾股定理可以算出来，它的对角线长是 $\sqrt{2}$。$\sqrt{2}$ 大于 1，盖子很容易掉进桶里去。圆的盖子就没有这个问题。

中国古代的车轮

圆形的容器用料最省，也就是说，用同样多的材料，做成圆形容器能装的东西最多。

圆还有一个相当重要又极其有用的性质，即它的极值性。为了说明这一点，我们做一个实验。

用铁丝弯一个方框，浸入肥皂水中再取出，铁丝框上会蒙上一层薄薄的肥皂膜。再找一根首尾相接的细丝线，将它轻轻地放在肥皂膜上，然后用针小心地刺破丝线所围的肥皂膜。这时，膜上的这根具有任意形状的封闭曲线像着了魔似地迅速扩展开来，顷刻变成一个相当标准的圆。这个实验，你可以重复做很多遍，每次都会是同样的结果。

原来，肥皂膜的表面层有一种特定的表面张力，它总是把自己的面积收缩到最小。由于铁丝框的总面积是一定的，收缩的结果是丝线圈以外到铁丝框之间的面积将达到最小，同时丝线圈围成的圆形面积将达到最大。这就是说，周长一定的丝线所围成的任意封闭曲线中，圆形的面积最大。

于是，善于发现和总结规律的数学家们归纳总结了圆的这种性质：在周长为一定的任意平面图形中，圆的面积最大。反过来就是，面积为一定的所有平面几何图形中，圆的周长最短。

其实，古人很早就知道利用圆的性质。相传，古非洲部落首领海枣王领导有方，他部落的人们一直过着幸福安宁的生活。

可是，有一段时间，邻近的一个部落经常来骚扰海枣王的部落。海枣王非常恼火，带兵自卫还击，双方交战，势均力敌，谁也胜不了谁，不得不在边界上谈判。

谈判桌一边坐着海枣王和他聪明美丽的妻子纪塔娜，另一边坐着敌对酋长和他的勇士。海枣王指出，由于对方挑起武装冲突使他部落的人们遭受了极大的损失，要求对方

割地赔款。蛮横的敌对酋长一听要割地赔款，暴跳如雷，随手掷过去一张灰狼皮，说"要我割地赔款，可以！你用这张灰狼皮去包围一块土地吧，能包围多少，我就割给你多少！否则，继续开战！"

海枣王被激怒了，手中握住挂在身上的宝剑，唰地站了起来。但他的妻子纪塔娜却示意海枣王坐下，自己缓缓站起来，郑重地对敌对酋长说："尊敬的酋长，我佩服你的豪爽。你不会反悔吧！"

敌对酋长说："绝对不会！"

只见纪塔娜不慌不忙地将狼皮剪成很细的条子，然后接成一根长314米的狼皮绳。敌对酋长看到这细长的绳子，心里有些慌了。

纪塔娜开始围地了！敌对酋长一看，更是大吃一惊。

你可能在想，纪塔娜肯定会围成圆形，因为在周长相等的情况下，圆的面积最大！

你错了，纪塔娜围的并不是圆形。她巧妙地用海岸线作为圆的直径，用314米长的绳子在海岸上围了一个半圆形。这个半圆的半径为 $\frac{314 \times 2}{2 \times 3.14} = 100$（米），围成的土地面积为 $\frac{3.14 \times 100^2}{2} = 15\,700$（平方米）。

如果纪塔娜用这根314米的狼皮绳围成一个圆形，围成的面积只能是
$$3.14 \times \left(\frac{314}{2 \times 3.14}\right)^2 = 3.14 \times 2\,500 = 7\,850 \text{（平方米）}.$$

聪明的纪塔娜确确实实很有数学头脑，她不但利用了这根狼皮绳，而且还利用了海岸线作半圆的直径，真是厉害！这么一围，就从敌对酋长手中得到了15 700平方米的土地。敌对酋长做梦也没有想到，随手一掷的一张灰狼皮，竟使自己失去了大片的土地！

下水道的盖子为什么做成圆形的

我国数学家华罗庚在南京的一所中学作报告时，提了一个问题："你们知道下水道的盖子为什么做成圆形的吗？"同学们听了之后议论纷纷。华罗庚告诉大家，把下水道的盖子做成圆形，是因为不管你怎样盖，井盖都不会掉到下水道中。其实，不仅是下水道盖，饼干桶的盖子大多做成圆形的，目的也是防止盖子掉进桶里。而且，把饼干桶的盖子作成圆形的，还有运输、存放、使用方便和不易损坏等好处。

对称的和谐美

生活中我们经常谈到美，但是怎样才算得上美呢？

枫叶和十字花冠

我们摘下一片枫叶，再采撷一朵十字花冠，可以看出，它们的美是因为样子是对称的。但它们彼此之间也有差别：枫叶明显存在一根轴线，如果把它沿着轴线对折，轴线两边的部分可以完全重合；而十字花冠则是存在一个中心点，如果把它绕中心点旋转180°，新的位置仍和原来的位置完全重合。这就是我们要研究的两种对称图形——轴对称图形和中心对称图形。

枫叶和十字花冠的形状比较复杂。为了研究这两种对称图形，我们可以在几何中找出简单的形状——等腰三角形及平行四边形。下面，我们先看轴对称的等腰三角形。

14 世纪的法国哲学家布里丹曾经说过一个有趣的寓言：一头完全理性的驴，处在两捆完全一样的干草束中间，虽然饿得发慌，可是由于两捆草束完全一样，它竟不知该吃哪捆草，最后活活饿死了。

有趣的是，在三角形的家族中，我们也可以找到这样的"两捆完全一样的干草束"，那就是等腰三角形的两条腰。在等腰三角形中，不但两条腰相等、两个底角相等，而且腰和底角的位置也是对称的。在这"两捆干草束"中间，也有一头"驴"，那就是它的对称轴。

下图中的等腰三角形 *ABC* 沿直线 *AD* 对折时，点 *B* 和点 *C* 重合，因而图形在 *AD* 两旁的部分就完全重合。所以，点的对称实质上是图形对称的基础，两个对称点连线的垂直平分线就是对称轴。由此不难看出，图中表示的轴对称图形其实有两种情况：一种是△ *ABC* 所有点的对称点都在自身上，即△ *ABC* 自身关于 *AD* 成轴对称；另一种是△ *ABD* 所有点的对称点都在△ *ACD* 上，即△ *ABD* 和△ *ACD* 关于 *AD* 成轴对称。一般按第二种情况理解更方便。例如，分别在 *AB*、*AC* 上取关于 *AD* 的对称点 *M*、*N*，在 *BC* 上取关于 *AD* 的对称点 *P*、*Q*，那么△ *BMP* 和△ *CNQ* 关于 *AD* 也成轴对称（如下图所示），这时就不可以按第一种情况来理解。

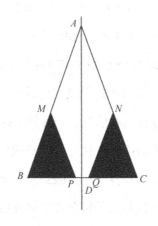

　　等腰三角形的轴对称性不仅有理论价值，还有很重要的实用价值。例如，盖房时常利用它来检查房梁是否水平。在梁上放一块等腰三角形板，在顶点用线系一重物，如果线正好经过三角形板底边中点，那么房梁就是水平的。（你知道这是为什么吗？）

　　接下来，我们再看看中心对称。你一定见过纸糊或竹片制成的小风车吧，只要制作得匀称，在其中心插入转轴后，它就会迎风平稳地旋转起来。还有像飞机的螺旋桨、水轮机的叶轮等，它们都具有类似的特性，都是中心对称的。

　　中心对称图形形状匀称美观，然而，并不是所有匀称的图形都是中心对称图形。比如电风扇那像三叶花瓣似的风叶轮，虽然给我们一种匀称感，旋转时也很平稳，但它并不是中心对称的。

　　中心对称图形的定义是这样的：如果一个图形（这里指的是平面图形）绕某一点旋转 $180°$ 后与另一个图形完全重合，那么这两个图形成中心对称。如果一个图形绕某一点旋转 $180°$ 后，能与自身重合，那么这个图形是中心对称图形。

　　三瓣风叶轮并不具备上述特性，所以它不是中心对称图形。显然，正三角形也不是中心对称图形，进而可以推断出任何三角形均不可能是中心对称图形。

　　那么，平行四边形是中心对称图形吗？

　　平行四边形具有对角线互相平分的特性，当它绕着其对角线交点旋转 $180°$ 后，就与自身完全重合，因此平行四边形是中心对称图形。下面我们具体讨论一下。

　　把下图中的平行四边形 $ABCD$ 绕点 O 旋转 $180°$ 后，点 A 和点 C 重合，同时点 B 和点 D 重合，因而图形的位置和原来的位置就完全重合。两个对称点连线的中点就是对称中心。下图所示的中心对称也有两种情况：一种是平行四边形 $ABCD$ 所有点的对称点都在自身上，也就是平行四边形 $ABCD$ 自身关于 O 点成中心对称；另一种是某一条对角线如 AC 所分的 $\triangle ACD$ 的所有点的对称点都在 $\triangle CAB$ 上，也就是 $\triangle ACD$ 和 $\triangle CAB$ 关于 O 点成中心对称。这里，同样按第二种情况理解更方便。由于 $\triangle AOB$ 和 $\triangle COD$ 关于

O 点成中心对称，假若在 AC 上取关于 O 的对称点 M、N，在 BD 上取关于 O 的对称点 P、Q，两个四边形 $ABPM$ 和 $CDQN$ 关于 O 点也成中心对称。

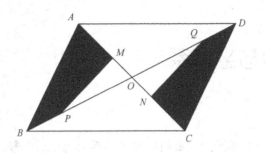

知识小链接

生活中的对称

　　对称，是我们生活中常用的概念。在服装设计、室内装潢、音乐旋律之中都有对称的踪迹。文学中的对仗也是一种对称，如"虎踞龙盘今胜昔，天翻地覆慨而慷"，既有人文意境之美，也有文字对仗工整之美。中国文化特有的对联，更是把"对称"的要求提到了非常高的程度。对称在建筑艺术中的应用就更广泛了。我国北京整个城市的布局是以故宫、天安门、人民英雄纪念碑、前门为中轴线对称的。

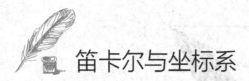

笛卡尔与坐标系

坐标系是同学们都很熟悉的，最简单的坐标系就是一横一竖，加上两个方向和一些单位。那么坐标系到底有多少种呢？不要觉得坐标系就是直角坐标系和极坐标系，其实坐标系的种类可多了，除了它们之外，还有诸如斜角坐标系、椭圆坐标系等。不过在初中阶段，同学们常用的仅有直角坐标系、极坐标系而已。

在数学史上，直角坐标系的发明者是笛卡尔，关于笛卡尔发现直角坐标系还有一个很美丽的传说。笛卡尔是法国伟大的哲学家和数学家，出生在法国北部都兰城的一个地方议员家庭里。童年的笛卡尔体弱多病，所以 8 岁时进入学校学习后，校长特别允许他可以自由一点，这就使笛卡尔更多地养成了独立思考的习惯。

笛卡尔 20 岁时，毕业于普瓦捷大学，随后便继承父业去巴黎当了律师。在那里，他结识了一批酷爱数学的朋友，并花了一年的时间研究数学。1617 年，他投入军队，并在之后的九年里，时而在不同的几个军队中服役，时而在巴黎狂欢作乐。好在其一直没有放弃数学。有一天，他在荷兰南部布勒达的街头散步，被一张荷兰文写的招贴吸引住了。他不懂荷兰文，便请求站在旁边的一个人译成法文给他看。这个人正好是多特学院的院长毕克门，他答应了笛卡尔的这一请求。原来这一广告是当时数学家所下的一张挑战书，列有很多难题，广征答案。笛卡尔在几小时内解答出了这些挑战性难题，毕克门院长大为佩服。从此笛卡尔增强了学好数学的信心，开始集中精力、专心致志地钻研数学。

据说，笛卡尔曾在一个晚上做了三个奇特的梦。第一个梦是他被风暴吹到一个风力吹不到的地方，第二个梦是他得到了打开自然宝库的钥匙，第三个梦是他开辟了通向真正知识的道路。这三个奇特的梦增强了他创立新学说的信心。这一天是笛卡尔思想上的一个转折点，也有些学者把这一天定为解析几何的诞生日。

1619 年，笛卡尔在多瑙河畔的诺伊军营里，终日沉迷在思考之中：几何图形是直观的，而代数方程则比较抽象，能不能用几何图形来表示方程呢？这里，关键是如何把组成几何图形的点和满足方程的每一组"数"联系起来。突然，他看见屋顶上的一只蜘蛛，拉着丝垂下来了，一会儿，蜘蛛又顺着丝爬上去，在上边左右拉丝。蜘蛛的表演，使笛卡尔的思路豁然开朗。他想，如果把蜘蛛看作一个点，它在屋子里可以上下左右运动，能不能把蜘蛛的每一个位置用一组确定的数记下来？他又想，屋子里相邻的两面墙与地面相交出了三条线，如果把地面上的墙作为起点，把相交出的三条线作为三根数轴，那么空间中任意一点的位置，不是都可以用这三根数轴上有顺序的三个数来表示了吗？ 反过来，任意的一组三个有顺序的数，如（3，2，1），也可以用空间中的一个点 P 来表示。同样，用一组数（a，b）可以表示平面上的一个点，平面上的一个点也可以用一组两个有顺序的数来表示。于是，在蜘蛛的启发下，笛卡尔创建了直角坐标系。

笛卡尔的直角坐标系，不同于一般的定理，也不同于一般的理论，它是一种思想和艺术，它使整个数学发生了崭新的变化。直角坐标系的形象也比较直观，完全符合人们逻辑上的想法。至于极坐标系，似乎看起来比直角坐标系要难一些，不太好想象。其实不然，自然界中有很多生物对极坐标系的使用可熟练了，我们一起来看看下面的例子。

众所周知，蜜蜂是一种群居的昆虫，它们共同劳动，采集蜂蜜，支撑着整个蜂巢的消耗。如果一只蜜蜂发现了蜜源，它怎样告诉其他的蜜蜂呢？科学家们经过研究才发现，原来蜜蜂是靠舞蹈来表达它们的意思，不同的舞蹈有着不同的含义。一只蜜蜂一旦发现了蜜源，会先采集一点"样品"回蜂巢，这些样品就告诉了伙伴们它所探到的花丛蜜汁及花粉的品种和质量。如果伙伴们觉得可以去采集，那只蜜蜂就会跳起舞蹈来告诉伙伴们花丛的地点。蜜蜂跳的舞蹈有两种：一种是"圆形舞"，它表示花丛在离蜂巢50米左右的地方；另一种是"8字形舞"，它不仅可以表示距离，还可以表示方向。一种舞蹈竟然能有这么多含义，不得不让人佩服蜜蜂的聪明才智。

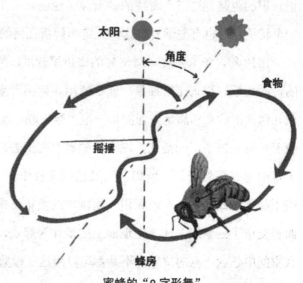

蜜蜂的"8字形舞"

蜜蜂跳舞时，如果头朝上，从下往上跑直线，就说明要向着太阳这个方向飞才能找到花丛；如果头朝下，从上往下跑直线，就说明要背着太阳这个方向飞才能找到花丛。这样，找到花丛的蜜蜂告诉了伙伴们花丛的距离和方向，伙伴们很方便就可以找到花丛了。

看，蜜蜂将极坐标系运用得多么巧妙呀！

现在，代数与几何相互渗透，对数学的影响越来越明显。拉格朗日曾经说过："只要代数与几何分道扬镳，它们的进展就缓慢，它们的应用就狭窄。但是，当这两门科学结合成伴侣时，它们就互相吸取新鲜的活力。从那以后，就以快速的步伐走向完善。"由此可见，数学史上坐标系的地位非同一般。

知识小链接

朴素的坐标观念

从数学史上而言，朴素的坐标观念早在古希腊、古埃及时就有了，那时经纬度观念也已经产生了。阿波罗尼在研究圆锥曲线时就使用过坐标，希楚拔斯也对天体上的点引进过坐标进行研究，欧洲则是在 1350 年左右才引进直角坐标系的原始形式。不过在那个时候，只是有了和现代坐标系理论相同的数学思想，还没有出现"坐标系"这个名称。"坐标系"这个名词以及与"坐标"有关的一些术语都是 1692 年莱布尼茨最先使用的。

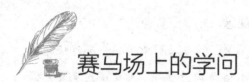

赛马场上的学问

春秋战国时期，齐国国君齐威王特别喜爱战马，养了不少有名的千里驹。

有一年春天，齐威王看到自己马圈里的一匹匹骏马都是膘肥体壮、雄健无比，便很想找个对手赛一赛，出一出风头。可是谁能是他的对手呢？齐威王想了一想，有了，齐国的大将军田忌也养了一些有名的烈马，便打定主意要和田忌赛一赛马。

在一次宴会上，齐威王对坐在他旁边的大将军田忌说："现在正是风和日丽的春天，我想到城外去游玩一次。听说你养了不少名马，我们到野外赛马去吧！"

田忌虽然有不少好马，可是和齐威王的马比起来，还是差一等。他一听齐威王要和他赛马，连忙推辞说："我的那些劣马怎敢和大王的千里驹相比呢？"

齐威王哈哈大笑，说道："你的宝马远近闻名，还以为我不知道吗？不要紧，到城外去玩玩嘛！"

田忌一看推辞不掉，只好问齐威王怎样比赛。

齐威王说："把最好的马拿出来赛一场行不行？"

这时，一个大臣说道："只赛一场，时间太短。大王和大将军不如每人拿出三匹马来，赛三场，每场都是两匹马比赛，每匹马都参加一场。这样不是更有趣吗？"

齐威王连说："好，好！那就每人出三匹马，比赛三场。每赛完一场，谁输了就拿出千金，赢了就得千金。这才有意思。"

田忌不好违抗，只好答应了。

宴会结束后，田忌回到家里，想到这次比赛自己必输无疑，心里很不高兴。忽然，田忌想起了住在他家的客人孙膑，这个人对兵法很有研究，智谋过人。不如去向他请教一下，让他给出个主意。

孙膑

田忌连忙向孙膑住的地方走去。

孙膑看到田忌满脸愁容，便问道："大将军有什么心事吗？"

田忌叹了一口气，把赛马的事说了一遍。孙膑又问："兵书上说'知己知彼，百战百胜'，不知大王用哪三匹马参加比赛？"

田忌说："还不知道，打听一下就行了。"

孙膑说："那就等了解清楚以后再想办法吧。"

很快，探听消息的人来报告：齐威王已决定拿三匹最快的骏马参加比赛。这三匹马是骊驹马、雪里青、红鬃马。

田忌带着这个消息，又去找孙膑。

孙膑问道："这三匹马各自的快慢，大将军是不是清楚？"

田忌说："这三匹马都是闻名的千里驹。其中骊驹马最快，跑起来就像闪电一样，全国没有能比得过的。雪里青稍差一点，红鬃马又差一些，不过，也都是有名的好马。"

孙膑又问："大将军最好的马是哪三匹？"

田忌说："是紫骝马、青骢马、梨花马。其中最快的是紫骝马，青骢马稍次，梨花马又差一些。"

田忌又摇着头说："紫骝马比不上大王的骊驹马，青骢马比不上大王的雪里青，梨

花马也不如大王的红鬃马。我是输定了。"

孙膑像是在归纳似地说:"这么看来,大王的上马是骊驹马,中马是雪里青,下马是红鬃马。大将军的上马是紫骝马,中马是青骢马,下马是梨花马。大王的上、中、下三马,分别比大将军的上、中、下三马跑得快。"

田忌说:"正是这样。"

孙膑思考了一会儿,又问:"不知大将军的上马能不能胜过大王的中马?"

田忌说:"胜得过。"

孙膑又问:"大将军的中马,能不能跑过大王的下马?"

田忌说:"跑得过。"

这时孙膑微微地笑了,向田忌说:"那我就要向大将军祝贺了,您一定是赢家。"

田忌听孙膑这么一说,觉得莫名其妙,忙问:"这话从哪里说起?"

孙膑悄悄地在田忌耳边讲了他的计策。

田忌一听,心中大喜,连忙向孙膑道谢。

几天之后,在齐国的国都临淄城外,齐威王和田忌举行了盛大的跑马比赛。齐威王率领文武百官和他的御林军,浩浩荡荡行到野外。齐威王认为自己一定能够三战三捷,所以心情特别愉快,不住嘴地夸耀他那三匹骏马。

第一场,齐威王派他的上马骊驹马出阵。田忌按照孙膑的计策,派出了梨花马。

比赛开始了。只见骊驹马四蹄腾空,像一道黑色的闪电,飞快地冲了出去。一眨眼工夫,骊驹马就把梨花马落下一大截,轻而易举地取得了胜利。文武官员都走上前去,向齐威王贺喜。随从献上美酒,齐威王得意扬扬,一饮而尽。田忌一面向齐威王祝贺,一面献上了输掉的千金。

第二场,齐威王出的是中马雪里青,田忌出的是他的上马紫骝马。紫骝马像是一团飞驰的火球,雪里青犹如一颗银色的流星,两匹马在绿色的田野里疾驰如飞、互相追逐。

最后，田忌的紫骝马跑到前头，取得了优胜。齐威王只得把田忌刚刚献给他的千金还给了田忌。

第三场是田忌的中马青骢马对齐威王的下马红鬃马。结果，青骢马赢了齐威王的红鬃马。齐威王只好拿出千金给田忌。

齐威王又丧气、又惊奇，他对田忌说："从马的实际水平来看，我强你弱；可是，你用了巧妙的计策，反而取得了胜利。可见，光有实力不行，还得有好的办法。你真是一个会出妙计的人啊！"

田忌说："请大王不要称赞我。这次赛马的对策，是孙膑给我出的。"接着田忌又把孙膑的为人和才能告诉了齐威王。

齐威王听了很高兴，说道："今天我虽然输了千金，可是我发现了人才。明天就请你带他进宫，我要见见这位孙膑先生。"

第二天，田忌带孙膑去拜见齐威王。谈论兵法时，孙膑讲得头头是道。齐威王十分钦佩，当场拜他为军师。

像孙膑这样，根据竞赛双方的条件，考虑最好的对策，在数学上就叫"对策论"，这是一门很有用的学问。

知识小链接

日常生活中的对策

下象棋、打扑克，都具有斗争性，我们称具有斗争或竞争性质现象的数学模型为对策。在对策行为中，有权决定自己行动方案的参加者（如球队、甲乙二人）被称为局中人。每个局中人为达到自己目的选择的实际可行的完整行动方案称为策略。每个对策中至少要有两个局中人，每个局中人至少要有两个策略。如果有一个局中人只有一个策略的话，那么整个对策的结局就完全听凭别人摆布，换句话说，这个人就没有资格参加对策了。对策论是现代数学中一个新的分支，它起初研究的对象主要是日常生活中的一些游戏（如扑克、象棋等），这也是又常叫它为"博弈论"的原因。在第二次世界大战期间，由于在军事、生产、运输上提出了大量有关对策的问题（像飞机怎样侦察潜水艇的活动、怎样组织生产物资调运等），"对策现象"开始成为许多数学家研究的对象，从而对策论就得到了发展。

数学皇冠上的明珠

"自然科学的皇后是数学，数学的皇冠是数论，哥德巴赫猜想则是皇冠上的明珠。"这是出自文学家徐迟笔下的比喻，既贴切、形象，又颇具诗意。那么，哥德巴赫猜想到底是什么呢？

两百多年前，德国有个数学家，叫哥德巴赫。他通过长时间的运算，发现了一个数学规律：大于 2 的偶数，可以写成两个素数之和。

偶数，就是可以被 2 整除的整数，如 2，4，6，8，10…

素数，就是除去 1 和它自身之外，不能再被其他整数整除的数，如 2，3，5，7，11，13…

这个规律用算式表示，可以写成：

$$4=2+2$$

$$6=3+3$$

$$8=3+5$$

$$10=5+5$$

哥德巴赫发现了这个规律以后，欣喜若狂。

但是，要使这个规律得到数学界的公认，使它真正成为数学定理，就必须通过大量的数学运算证明对于所有大于 2 的偶数，这个规律都是对的。这个看起来很简单的问题，

想不到竟是那样难以证明。哥德巴赫简直是一筹莫展。

怎么办呢？他只好向最有名的数学大师请教。

那时，最有名的数学家是谁呢？是欧拉。

1742年，哥德巴赫写信把他的这个猜想告诉了欧拉，请他帮助证明。

欧拉一生中发现了几十条重要的定理和公式，写了80部著作。他卓越的才能，传遍了整个欧洲。虽然他是瑞士人，可是德国、俄国都争相请他去工作。

欧拉收到哥德巴赫信的时候，正在俄国的彼得堡科学院当院士。他立即对哥德巴赫的猜想作了大量的演算、推理。他想方设法，力求证明它。可是，他那充满智慧的大脑，怎么也征服不了这个看起来似乎很容易的猜想。欧拉虽然后来双目失明了，但还是顽强地继续思考。不能写字了，他就用口说，让别人记下来。他为数学界做出了巨大的贡献，可是，对于哥德巴赫猜想，他一直到死也没能解决。

当欧拉觉得自己证明不了哥德巴赫猜想的时候，这位才华盖世而又谦虚好学的数学大师，便把哥德巴赫的信公布了，请他的同行们都来帮助解决问题。这个猜想，立即吸引了许多数学家。他们绞尽脑汁，还是解决不了。人们把这个猜想比作数学皇冠上的明珠，只有最有智慧的人，才能够把它摘下来！

1920年，挪威数学家布朗证明了每个大偶数，都可以写成两个数之和，这两个数虽然不一定是素数，但是它们的素因子却不超过9个。

什么是一个数的素因子呢？一个数等于几个素数的乘积，这些素数就是这个数的素因子。例如，$42=2×3×7$，素数2，3，7就是42的素因子。从这个式子可以看出来，42的素因子总共是3个。

几年以后，有人又进了一步，证明了每个大偶数可以写成两个数之和，这两个数的素因子都不超过7个。为了简单起见，人们把上面的两个结果分别记为"9+9"或"7+7"。

后来，中国、德国、英国、意大利等国家许多有名的数学家，又把"7+7"推进了一步，得出了"6+6""5+5"等。1965 年得出了"1+3"，这样就证明了任何一个大偶数都可以写成这样两个数之和：其中一个是素数，另一个的素因子不超过 3 个。

要是能证明出"1+2"，最后证明出"1+1"，那么哥德巴赫猜想就被证明了，这一颗璀璨的明珠也就拿到手了。

1966 年，我国数学家陈景润发表了一篇重要的论文——《大偶数表为一个素数与不超过两个素数乘积之和》（即"1+2"）。各国数学家看到他的论文后非常钦佩，纷纷来信称赞他取得了杰出的成就，称他的定理为"陈氏定理"，说他移动了"群山"，真是轰动一时。

现在，离最后夺取这颗数学皇冠上的明珠只有一步了。然而，这又是多么艰难的一步啊！这颗璀璨的明珠最终属于谁呢？历史告诉我们，它定将属于具有渊博的数学知识，又具有坚忍不拔毅力的人。

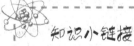
知识小链接

多产的数学家欧拉

欧拉是数学历史上著名的学者，他对该学科的每一分支都有贡献。他在世时出版的书和发表的论文有 530 种，去世时还留下了许多手稿。欧拉有名的发现，可以列成一张长表。直至今天，我们在数学及其应用的重要分支中，常常可以看到欧拉的名字：欧拉常数、欧拉恒等式、欧拉数、欧拉级数、欧拉积分、欧拉微分方程、欧拉准则、欧拉图解、欧拉变换、欧拉求积公式、欧拉刚体运动方程等，至于欧拉定理、欧拉定律、欧拉方程更是多得不可胜数。所以美国数学史家克莱因说："没有一个人像他那样多产，像他那样巧妙地把握数学；也没有一个人能以收集和利用代数、几何、分析的手段去产生那么多令人钦佩的结果。他是顶呱呱的方法发明家，又是一个熟练的巨匠。"

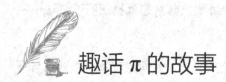

趣话 π 的故事

π 表示圆周率，是计算圆的面积、周长或圆柱、圆锥体积时必须用到的一个数值。π=3.141 592 6…可是，这个数是怎么来的呢？

一千五百多年以前，我国南北朝时期，祖冲之在江南做官。他从小就喜欢数学和天文学。

一天，他又在书房里静心研究数学。他的面前摆着一本书，叫《九章算术》。这是我国最早的一本专门讲数学的书，内容十分丰富。祖冲之看到这本书上在计算面积和体积时，都把圆周率的值取作3。

"把圆周率取作3，计算出来的面积和体积误差不是太大了吗？"祖冲之心想。

他接着看下去，后面是刘徽做的一些解释（刘徽比祖冲之早二三百年，也是我国的一位大数学家）。刘徽说，应当把圆周率的值取作3.14。这样一来，圆周率的精确程度就提高了。

"能不能把圆周率的精确度再提高一些呢？"祖冲之一边看书，一边想。

那时候，许多读书人都很保守，认为祖先传下来

祖冲之

的东西是不能改，也不能变的。谁要是怀疑这些东西，那就是大逆不道。但是，祖冲之不这样想，他觉得，研究学问应该实事求是，不能被前人的结论束缚而不敢多走一步。他决心在刘徽的基础上，把圆周率计算得更精确，使求出来的面积和体积更准确。

决心是下了，做起来却并不容易。当时，计算工具很落后，算盘还没有发明出来，阿拉伯数字也没有传到我国，当然也没有现在的笔算了。那怎么做加减乘除呢？是用一些几寸长的小竹棍做计算工具，把这些小竹棍摆成不同的形式，代表不同的数字。这些小竹棍叫作"算筹"，用算筹来计算是非常麻烦的。

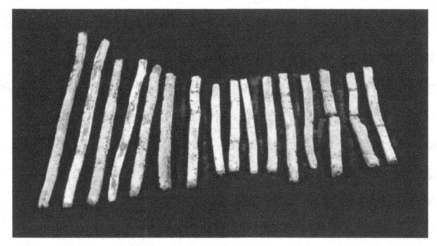

古代算筹

祖冲之是怎么求圆周率的呢？他先画一个直径为 1 丈的圆，然后作这个圆的内接正多边形：正六边形、正十二边形、正二十四边形、正四十八边形……正多边形的边数越多，它的周长就越接近圆的周长。为了得到圆的周长，以便把圆周率计算得更精确，祖冲之一直算到正二万四千五百七十六边形。这是多么庞大的计算量啊！但是，祖冲之非常有毅力，他没有被这繁杂的计算吓倒。白天办公，一到晚上，他就急忙走到书房里，点起蜡烛，把算筹摆到桌子上，聚精会神地开始了他的计算，常常是一算就到半夜。这样一天又一天，一个夜晚又一个夜晚，不管多么辛苦、多么劳累，他总是不停地计算，他的脸上总是挂着充满信心的微笑。经过很长一段时间，艰苦的劳动终于换来了丰硕的成果，祖冲之算出了这个直径为 1 丈的圆的周长，是在 3 丈 1 尺 4 寸 1 分 5 厘 9 毫 2 秒 7 忽和 3 丈 1 尺 4 寸 1 分 5 厘 9 毫 2 秒 6 忽之间。那么，圆周率也就介于 3.141 592 6 与 3.141 592 7 之间。

祖冲之计算出了小数点后面六位准确数字的圆周率，这在当时是独一无二的。古代阿拉伯数学家穆罕默德·本·木兹曾经说过，圆周率取 $3\frac{1}{7}$ 是最合适的，"只有上帝才知道比它更好的了"。

$3\frac{1}{7}$ =3.142…这里，只准确到小数点后三位，可见，$3\frac{1}{7}$ 是一个很不准确的近似值。祖冲之不是上帝，却算出了精确得多的圆周率。

祖冲之的这个世界纪录保持了 1 000 年，到了 15 世纪，才被阿拉伯数学家阿尔·卡西打破。阿尔·卡西把圆周率的准确数值，计算到小数点后 16 位。

又过了一百多年，到 16 世纪，德国数学家鲁道夫把圆周率计算到了小数点后 35 位。鲁道夫花了很大的心血来计算圆周率，得到了这样精确的数值，他感到非常骄傲。他去世后，人们为了纪念他，在他的墓碑上刻上了圆周率：

3.141 592 653 589 793 238 462 643 383 279 502 88

1736 年，大数学家欧拉为了方便起见，用希腊字母 π 来表示圆周率。从此，π 就成了圆周率的代名词。

计算机的出现，使人们可以轻而易举地算出精确的 π 值。1949 年，美国人莱特威逊利用 ENIAC 计算机，花了 70 个小时，把 π 算到了 2 034 位。这是 π 在计算机上的首次闯关纪录。后来，随着计算机计算能力的提高，算得的 π 的位数越来越多。尤其是形成"计算机热"之后，人们把计算 π 当作检验计算机性能和锻炼工作人员操作技术的手段。新机器买来，操作者总要把 π 计算一番，这就使 π 值的位数急剧上升。1973 年，法国两位女数学家纪劳德和波耶用了 1 年又 4 个月的时间算得 π 的 100 万位值，它可印成 200 页的书。1986 年，日本东京大学的廉正蒲田用计算机把 π 的值算到了一亿多位小数。

到了 21 世纪，利用计算机可以算到小数点后 10 万亿位的 π 值。不过，这样长的 π 值，没有什么实用价值。例如，知道了地球的直径，要算出赤道的周长，只要让 π 取到小数点后 9 位，就可使赤道周长精确到 1 厘米，这对我们来说，已经足够了。

一般来说，π 的值取到小数点后四位（π=3.141 6），就可以满足我们的要求了。

知识小链接

赵友钦的贡献

赵友钦是继郭守敬之后的一位元代数学家。郭守敬编造《授时历》，计算太阳的赤经赤纬时，他采用的圆周率 π 为 3，结果误差很大。赵友钦看出了问题的症结所在，为了说明自己的论点，他花了很大的精力来研究圆周率。他采用的方法与刘徽的割圆术有些不同，他不是从内接正六边形算起，而是从内接正方形算起。他画了一个以 1 000 寸为直径的大圆，在大圆里作内接正方形，顺次再求正六边形、正十六边形、正三十二边形等多边形的一边之长。在推求这些边长的时候，赵友钦灵活地运用了勾股定理，使他的这种推算法更具几何趣味。当求出了内接正一万六千三百八十四边形的边长时，赵友钦停止了推算，因为这时已经得到圆周率的数值是 3.141 592，写作分数 $\frac{355}{113}$，这个数字便是 800 年前就已确定的密率。赵友钦很高兴，因为自己计算出来的结果和祖冲之的结论一模一样，这就从理论上支持了祖冲之。在当时有一些学术上一知半解的人确信 $\frac{22}{7}$ 是密率，赵友钦的实践纠正了人们对密率的错误认识。因为他的这一份贡献，"赵友钦"这个名字光荣地载入了史册。

点兵场上的神算术

在我国民间，流传着一个"韩信点兵"的故事。

相传汉高祖刘邦打天下的时候，手下有一员大将叫韩信，他是个有学问的人。开始，韩信在刘邦部下做一名小官，后来因为才能出众，被刘邦一下提升为大将军，统率全军。刘邦手下许多老将都感到意外，有的人还很不服气。

一天，韩信骑上马，带上卫兵，到一位李将军的驻地去视察。他到达的时候，将士们正在演兵场上操练。只见操场上旌旗飘舞，喊声震天。将士们有的在练长枪，有的在练射箭，有的在练刺杀，还有的在舞剑……韩信在李将军的陪同下，绕场观看一遍，然后登上练兵场的指挥台。

李将军向韩信问道："大将军是否还要看一看编队演习？"

韩信说："好，请编一些简单的队形看看吧。"

"编什么样的队形？"李将军问道。

韩信指着整个演兵场说："全体将士编成一个 3 路纵队，所有的人统统编到队里去。"

大将韩信雕像

李将军挥舞令旗，发布了编队的命令。

喧闹的演兵场上，喊杀声立即停止。全体人员跑步集合，很快编成了一个整齐的3路纵队。

韩信问："最后一排，剩下几人？"

队伍后面的军官马上报告："排尾剩下2人。"

韩信又对李将军说："请再编一个5路纵队。"

李将军又下达了命令，队伍迅速地变成一个5路纵队。

"排尾余下几人？"韩信又问。

"余3人。"军官报告说。

韩信又令全体将士编成一个7路纵队，并且得知排尾余下2人。

韩信点了一下头，说："好，队形编排到此为止吧。"

韩信满意地对李将军说："队形变化又迅速、又整齐。李将军不愧是老将，练兵有方啊。"

李将军心里很高兴，请韩信到军营里去休息。

在营房里，他们交谈了练兵中的一些事情。最后，韩信问道："今天有多少将士在操练？"

李将军回答道："除去放哨、值班和有病的外，应该有2 395名。"

韩信沉思了一会儿，说："不对，操场上实际只有2 333人。"

李将军吃了一惊，心里想："他在操场上只是走马观花地看了一下，并没有清点人数，怎么能说出这么准确的数字呢？"

李将军便如实地说："我是根据各队长汇报的人数，得出2 395人来的，并没有仔细清点。不知大将军怎么知道只有2 333人？"

韩信微微笑了一下，说："我替你清点了一遍。"

李将军更吃惊了，半信半疑地说："大将军其实并没有点兵啊。两千多人，清点一次也得费不少时间啊。"

韩信说："刚才，不是编过 3 路纵队、5 路纵队、7 路纵队了吗？我知道了排尾剩下的人数，根据这个，就能算出总人数来。"

李将军感到很奇怪，忙问道："请问大将军是怎么算的？"

韩信一面比画着，一面仔细地说："第一次，全体人员编成 3 路纵队，最后一排余下 2 人。这就是说，总人数被 3 除，余数是 2。第二次，5 路纵队，排尾余 3 人。可以知道，总人数被 5 除，余数是 3。第三次，7 路纵队，排尾余 2 人，可以知道总人数被 7 除，余数是 2。因此，总人数一定是这样一个数——它被 3 除余 2，同时，被 5 除余 3，被 7 除余 2。"

"被 3 除余数是 2，同时被 5 除余数是 3，被 7 除余数是 2 的数有很多啊！"李将军还是有些不大明白。

韩信说："满足这个要求的数确实很多，但是其中有一个最小的，是 23。"

李将军心里默默一算，果然是这样。

$$23 \div 3 = 7 \cdots\cdots 2$$
$$23 \div 5 = 4 \cdots\cdots 3$$
$$23 \div 7 = 3 \cdots\cdots 2$$

韩信又接着说："因为 3×5×7=105，也就是说，105 是 3，5，7 三个数的最小公倍数，所以，105 任意的倍数也一定能被 3，5，7 三个数除尽。

"把 105 任意的倍数加上 23 得到的和，一定能够被 3 除余 2，同时被 5 除余 3，被 7 除余 2。比方说，105 的 22 倍加上 23 吧，105×22+23=2 310+23=2 333。这个 2 333，一定满足上面的要求。"

李将军在心里默算了一下，正是这样。

$$2\,333 \div 3 = 777 \cdots \cdots 2$$

$$2\,333 \div 5 = 466 \cdots \cdots 3$$

$$2\,333 \div 7 = 333 \cdots \cdots 2$$

韩信说:"您报的那个数 2 395,被 3 去除,商是 798,余数是 1,显然不满足上面的要求,所以肯定不是真实的人数。105 的 23 倍加上 23 是 105×23+23=2 438。这个数比你报的人数多,也不可能是真实人数。所以,实际人数应该是 2 333 人。"

李将军一听,也明白过来了,连连佩服韩信算法的巧妙。

韩信又说:"这次练兵尽管成绩不小,但有 62 人没到,说明纪律还需要加强。请李将军借着这个机会,把军纪严加整顿。"

谈完之后,韩信带上随从人员走了。李将军重新严格地清点了一下人数,果然有 62 人没有参加训练。李将军处罚了那些无故不到的士兵和他们的队长。从此以后,再没有人敢虚报数目了。

这虽然是一件小事,却可以看出韩信出众的才能和严格认真的作风。大家不由得对这位年轻的统帅,逐渐地尊敬和信赖起来。

知识小链接

女"兵"到底有多少

吴王后宫有美女百人之多,一日吴王命孙武操练这些嫔妃。起初,嫔妃们嘻嘻哈哈、漫不经心、乱糟糟地演列着,口令也不听。孙武见状又申明军法,岂知嫔妃们依然故我,孙武当即斩了两名充当队长的吴王宠姬,于是"妇人左右前后跪起皆中规矩绳墨"。孙武使人报告吴王,说:"兵既整齐……虽赴水火犹可也。"

吴王问道:"眼下还剩下多少女子?"

孙武答:"三三数之剩二,五五数之剩三,七七数之剩二。"

那么这些女"兵"到底有多少？

我们考虑下面三列数。

除3余2者：2，5，8，11，14，17，20，23…

除5余3者：3，8，13，18，23，28，33，38…

除7余2者：2，9，16，23，30，37，44…

同在三列中的最小数是23。

又由3×5×7=105，知23+105，23+2×105，23+3×105…皆满足上面性质，但前已知后宫嫔妃百余人，那么105+23=128为所求。

妙算鸡兔同笼问题

我国民间流传着这样一个故事。

很早很早以前，有一个既聪明又勤劳的男孩子。他每天放学回来，就帮着爸爸妈妈干活。他除了打柴、拾草之外，还养了不少兔子和小鸡。他给这些小家伙垒起了窝，修起了篱笆，每天拿些白菜叶、萝卜叶、谷子喂它们。小兔子和小鸡一天一天长大了。

有一天，他的表弟来玩，看到篱笆里有兔子，还有鸡。那毛茸茸的小白兔，伸着两只大耳朵，在地上蹦呀、跳呀，像一团团飞起的雪球。小鸡一个劲地啄米，吃得真带劲。

表弟说："哎呀，真好玩！你还是一个饲养能手啊。你总共养了多少只鸡和兔子啊？"

"兔子和鸡总共是35只。"男孩子回答说。

"有多少只兔子，多少只鸡？"表弟又问。

男孩子顽皮地笑着说："总共是94条腿。"

表弟愣了一下："我问他鸡和兔子各有多少只，他怎么说总共是94条腿呢？"表弟又一想，"噢，明白了，他是要让我自己算出鸡和兔子的数目来啊。"

表弟说："让我想一想。"

鸡兔同笼

过了一会儿，表弟笑着说："我算出来了，有 23 只鸡，12 只兔子，对不对？"

"对！你的算术学得还挺好呢。你是怎么算出来的？"男孩子问。

表弟一边在地上算，一边说了起来："1 只鸡 2 条腿，1 只兔子 4 条腿。要是这 35 只全是兔子的话，就应该是 35×4=140（条），比 94 条腿多了 46 条腿。这多出来的 46 条腿，是因为把鸡也按 4 条腿来算了。这样，1 只鸡多算了 2 条腿，多少只鸡才能多出 46 条腿呢？46÷2=23（只）。这样，23 只鸡才能多出 46 条腿。也就是说，应该有 23 只鸡。兔子的数目当然就是 35-23=12（只），所以兔子是 12 只。"

男孩不住地点头说："你想得挺得法，算得也对。不过，还有一个算法。"

"什么算法？"表弟问。

男孩子说："把腿数 94 除以 2，得 47。这样，就把鸡变成独腿鸡，兔子变成双腿兔了。再从 47 减去总只数 35，就把独腿鸡的腿和兔子的一条腿都减去了。剩下的只有独腿兔了，这时的腿数就是兔子的只数。47-35=12（只），所以，兔子是 12 只。35-12=23（只），鸡便是 23 只。"

表弟高兴地拍着手说："你想得真巧啊！虽然两个算法都对，不过，还是你的方法简单。"

男孩子说："也简单不了多少。不过有时候，多动动脑筋，就会想出一些新的解法来。"

上面故事中的这类问题，就是中国古代著名的鸡兔同笼问题。在我国古代的一部算书《孙子算经》中，就有这样有趣的题目："今有鸡兔同笼，上有三十五头，下有九十四只足，问鸡、兔各多少？"

原书的解法比较深奥，大体上是应用了二元一次方程式。但后来元代的《丁巨算法》一书中，却提出了一种通俗的算术解法。这种解法的要点是应用假设法求解。假定笼子里的动物都是兔，那么总足数就该是 35×4=140，比题目中总足数多 140-94=46。用一只鸡去换一只兔，总足数就少 2，46 被 2 一除，便得出了鸡数是 23，兔的头数自然是 12 了。

归纳出的公式为：

$$（总头数 ×4-总足数）÷（4-2）= 鸡数$$

$$（总足数 - 总头数 ×2）÷（4-2）= 兔数$$

中国的鸡兔同笼问题，后来传到了日本。日本江户时代出版的《算法童子问》一书中，就载有许多类似的题目。

院子里有狗，厨房菜墩上有章鱼。狗和章鱼的总头数是 14，总足数是 96，问狗和章鱼各是多少？

章鱼是 8 只足，狗是 4 只足。运用公式就可算出：

$$（14×8-96）÷（8-4）=4（只）（狗）$$

$$14-4=10（尾）（章鱼）$$

这种算题和算法，在中国古代的民间广为流传，甚至被誉为了不起的妙算，以至清代小说家李汝珍竟把它写到自己的小说《镜花缘》中。

书中写了一个才女米兰芬计算灯球的故事。有一次米兰芬到了一个阔人家，主人让她计算一下楼下大厅里五彩缤纷、高低错落、宛若群星的大小灯球。主人告诉她楼下的灯分两种：一种是灯下 1 个大球，下缀 2 个小球；另一种是灯下 1 个大球，下缀 4 个小球。请她算一算两种灯各有多少盏。米兰芬想了想，让主人查查楼下的大小灯球共是多少。主人告诉她："楼下大灯球共 360 个，小灯球共 1 200 个。"于是米兰芬立即想到，大灯球当是头，小灯球当是足。1 个大灯球下缀 2 个小灯球当是鸡，1 个大灯球下缀 4 个小灯球当是兔。于是得出答案：

$$（360×4-1 200）÷（4-2）=240÷2=120（盏）（一大二小灯的盏数）$$

$$360-120=240（盏）（一大四小灯的盏数）$$

主人听到了米兰芬的答数，连称："才女，才女！名不虚传！"

也许有人要说，这种鸡兔同笼的算题纯属一种数学游戏，没有什么实际意义吧？其实它在现实中也是有意义的。例如，一位会计到商店去买账本，他带去了两叠人民币，一叠是伍角的，一叠是贰角的。他回来时只知道花了 3 元 4 角钱，付出纸币 11 张，究竟付出几张伍角的人民币，几张贰角的人民币则记不清了，那么怎样算出来呢？

学会了鸡兔同笼的算法，便可毫不费力地算出。假定付出的全是贰角的人民币，则：

（3.40-0.20×11）÷（0.50-0.20）=1.20÷0.30=4（张）（伍角人民币的张数）

11-4=7（张）（贰角人民币的张数）

同学们，你们也可以根据现实生活中的实际情形，找出一些这样的题目，算算看。

 知识小链接

《孙子算经》

公元四五世纪成书的《孙子算经》，是我国古代最著名的"算经十书"之一。本书的作者及编写年代不详。《孙子算经》是一部直接涉及乘除运算、求面积和体积、处理分数以及开平方和立方的著作。共分上、中、下三卷。卷上叙述算筹记数的纵横相间制和筹算乘除法则，记录了度量衡单位的名称，如"十忽为一秒，十秒为一毫"，并附有简短的金、银、铜、铅、铁和玉石的密度表。卷中举例说明筹算分数算法和筹算开平方法。卷中和卷下选用了许多浅近易懂的应用问题；卷下则选取一些算术难题，有答案，但又不列出解题过程，目的在于增加读者的兴趣。

《孙子算经》书影

 天价的绵羊

在俄国的一个农村里，有一个财主叫伊凡诺夫。有一天，他到城里去赶集，想买一些羊。在熙熙攘攘的集市上，他钻过来、挤过去，东看看、西望望。忽然，他看到有个人赶着一群雪白的绵羊来卖。伊凡诺夫急忙挤到这些又肥又壮的绵羊旁边，越看越满意。他又一想，这么好的羊，最便宜也得五卢布一只吧。他摸了摸口袋里的钱，又有点舍不得。正在他犹豫的时候，卖羊人似乎看透了他的心，便主动地问他："怎么样，买羊吗？"

"多少钱一只？"伊凡诺夫低声下气地问道。

"第一只羊1个戈比。"卖羊人的声音虽然不高却清清楚楚。

"什么，你说什么？一只羊只要1个戈比？"伊凡诺夫像是不相信自己的耳朵，连连追问。因为100戈比才是1卢布呢。

卖羊人依然是慢腾腾，但却很清晰地说："我是说，第一只羊1个戈比。"

伊凡诺夫马上又问："那么，其余的羊怎么个卖法呢？"

"我一共有20只羊，谁要买，必须全部买去。价钱是这样的：第一只羊1戈比，第二只羊2戈比，第三只羊4戈比，第四只羊8戈比……也就是说，后一只羊的价钱，比前一只羊多一倍。"

伊凡诺夫兴奋极了，到哪里去买这样的便宜货呢？不等卖羊人说完，就一口答应要把20只羊全部买下来。

卖羊人又说:"不过,今天你只能带走第一只羊,给我 1 戈比;明天你来牵第二只羊,给我 2 戈比;后天你来牵第三只,给我 4 戈比……到第二十天,你才能把 20 只羊全带走。"

伊凡诺夫觉得有点麻烦,但这有什么关系呢?他一口答应了。

卖羊人又说:"你可不能后悔啊。"他又把付 20 只羊钱的办法讲了一遍。

伊凡诺夫反而怕卖羊人后悔,说:"我们立下契约吧。"

卖羊人也同意了。他们走到一家店铺,买了两张纸,写下了合同,二人都签上了字,每人拿了一张。这时,伊凡诺夫心里踏实了,他拿了 1 戈比给卖羊人,牵走了一只大绵羊。

伊凡诺夫牵着羊回到家里,一进门便高兴地对妻子说:"一个人,不知道什么时候就会遇到好运气。这下我可要发财了。"接着,他把买 20 只羊的事讲了一遍。他妻子一听,高兴极了,这简直像从天上掉下 20 只羊一样。她连忙做饭给伊凡诺夫吃,叫他早吃早睡,明天一早好赶进城里去牵第二只羊。

第二天,天刚蒙蒙亮,伊凡诺夫就起来,吃了点东西,急忙往城里赶。他走到市场,卖羊人已经在那里等着了。伊凡诺夫拿出 2 戈比交给卖羊人,牵走了第二只羊。他得意扬扬地回家去了。

第三天,当伊凡诺夫交给卖羊人 4 戈比,又牵走一只羊时,卖羊人说:"别忘了,明天带 8 戈比来。"

伊凡诺夫很不以为然地说:"请放心,少不了你的钱。"

就这样,买第五只羊,付出了 16 戈比;买第六只羊,付出了 32 戈比;买第七只羊,付出了 64 戈比……

但是,财主伊凡诺夫没有高兴很久。到第十二天,他付出了 20 卢布 48 戈比,才牵回第十二只羊。这时,他发觉这个卖羊人并不是一个傻瓜。到了晚上,他和妻子在灯光下,把这笔账仔仔细细地算了一下。

第十三只羊,他得付出 40 卢布 96 戈比;第十四只羊,他得付出 81 卢布 92 戈比;

第十五只羊，他得付出 163 卢布 84 戈比……第二十只羊，他得付出 5 242 卢布 88 戈比。20 只羊总共得付出 10 485 卢布 75 戈比！

伊凡诺夫一看这数字，简直吓呆了。他的妻子捂着脸呜呜地哭了起来，还一边埋怨伊凡诺夫不该贪小便宜，结果吃了大亏。拿出一万多卢布，他们就要倾家荡产啊！他们的全部财产还没有这么多呢。

财主伊凡诺夫一夜没睡着觉。已经立下契约了，怎么办呢？到法院去告这个卖羊的，告他是个大骗子！

第二天，伊凡诺夫不再到市场上去了，而是去了法院。他对法官说："有个卖羊的骗我的钱，要我付出 10 485 卢布 75 戈比买 20 只羊。要是按正常的价钱，这些钱可以买两千多只羊啊！求法官老爷给我做主，狠狠惩罚这个卖羊的！"

法官问："他怎么骗你的？"

伊凡诺夫把整个经过一五一十地说了。法官派人把那个卖羊人抓来，问他为什么骗人。

卖羊人说："我是明明白白给伊凡诺夫先生讲清楚了的，他都一口答应了，怎么能说我骗他呢？他还主动给我立下了买卖契约。"

法官听了两个人的申诉，说："伊凡诺夫为了贪便宜，上了卖羊人的当，这是很危险的；卖羊人虽然把条件事先讲清楚了，可是利用伊凡诺夫的贪心，妄图骗取钱财，也是不道德的。本法庭判决契约无效。卖羊人按公平的价格，每只 5 卢布，把 20 只羊卖给伊凡诺夫。伊凡诺夫除付给卖羊人 100 卢布外，再拿出 50 卢布献给孤儿院，以惩罚你的贪心。"

小财主伊凡诺夫想贪便宜，几乎上了大当；卖羊人企图骗取钱财，最后也未能如愿。这个故事中更引人深思的是造成这个案件的直接原因——那个有趣的数学问题。

数学中的等比级数问题是很有趣的，连续地翻番，就会产生极大的数字，超过一般人的想象。曾有这么个题，叫同学们动脑筋：一张报纸如果连叠 25 次，估计能有多厚？100 张报纸，厚度不过 8 毫米，一张报纸连叠 25 次，最多几米厚吧？实际上它大约有 2 684 米厚，比泰山还要高，当然也无法叠出来。如果假设接着再叠 10 次呢？那就更不得了了，大约有 274 万多米高。如果把它平放下来，超过济南到乌鲁木齐的里程。真是不算不知道，一算吓一跳。那个卖羊人，就是通过这迷惑人的等比级数问题，来欺骗伊凡诺夫的。

知识小链接

棋盘上的麦粒

相传，国际象棋是印度一个叫锡塔的人发明的。国王要奖励这个人，就派人请他来了，问他想得到什么赏赐。锡塔说："陛下，请您在棋盘的第 1 格中放 1 粒麦子，第 2 格中放 2 粒麦子，第 3 格中放 4 粒麦子，第 4 格中放 8 粒麦子……照这样一格格地摆下去，每格都比前一格多放一倍麦子。最后，把棋盘上第 64 格中的麦子给我，我也就满足啦。"于是，国王叫人在棋盘上放麦粒，1 粒，2 粒，4 粒，8 粒……没等放到第 20 格，一口袋麦子就没了。一袋一袋的麦子从仓库里被扛出来，总也不够数。国王恍然大悟：这个数字是异常庞大的，就是把国库中的麦子全部搬出来，也还是不够的。其实，要填满 64 个方格，该赏给锡塔 18 446 744 073 709 551 615 粒麦子，这些麦粒的重量约有 7 379 亿吨！

欧拉巧解七桥难题

二百多年前，德国有个古城叫哥尼斯堡。这个城市风景优美，气候宜人，有一条布勒格尔河，从城中缓缓流过。正是这条河流，把这个城市装扮得更加美丽，它是两条支流汇合而成的。这两条支流的汇合处还有一个小岛，这个小岛正是城市的中心。小岛不大，可是很热闹，是全市繁华的商业区。小岛的北面是城的北区，南面是城的南区，东面叫东区。人们为了行走方便，在这条河上一共架起了七座桥，把这个岛和三个区连接了起来。这七座桥分别叫 1 号桥、2 号桥、3 号桥、4 号桥、……、7 号桥（见右图）。

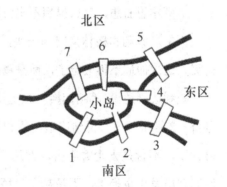

一个星期日的上午，两个男孩子威利和格林到街上去玩。他们站在 1 号桥上观看河中来往的各式各样的船只：有货船、渔船，还有漂亮的游艇……看了一会儿，威利有点腻了，对格林说："咱们哥尼斯堡有七座桥，今天我们把这些桥都走一遍，看看一上午能不能走完，好吗？"

格林一听，挺有意思，便补充说："我们不光要走完这七座桥，还得走得巧。每座桥只能通过一次，看看能不能把七座桥全走一遍。"

威利一听，说："好！这才有意思，我们想办法不重复地把七座桥全走完。"

他俩便从 1 号桥开始，先通过这座桥到了小岛，然后到了 7 号桥。过了 7 号桥，便到了 6 号桥。下面的路线是 6 号桥—2 号桥—3 号桥（见下图）。过了 3 号桥，便到了东区。这时候，还剩下 4 号桥和 5 号桥。下一步怎么走呢？威利和格林不得不停下来商量一下。若是先走 4 号桥，便到了小岛。要想从小岛到 5 号桥，就要通过 6 号、7 号桥中的一座，而这两座桥都已经走过一次了，不能再走了。所以，先走 4 号桥不行。若是先通过 5 号桥，就到了北区。从北区到 4 号桥，也要通过 6 号、7 号桥中的一座。所以，先走 5 号桥也不行。

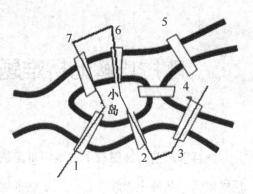

他俩左思右想，怎么也想不出办法来。一看，已经到中午了，只好先回家吃饭。

下午，威利和格林又凑到一块，研究起上午的事来：怎么才能不重复地走完这七座桥呢？这次他们不再去走了，而是蹲在地上画起图来。

威利边画边说："咱们换一种走法，看看这样走行不行。1 号桥—6 号桥—5 号桥—3 号桥—2 号桥……"说到这里，威利便停住了，因为这时候还有 4 号桥、7 号桥没有走，再往下，不管是先走哪座桥，都达不到要求。格林也想了一些办法，还是不行。后来，他们把出发点也换了，不是从 1 号桥出发，而是试探着从各个地方出发。但是，要想不重复地走完七座桥，照样办不到。

第二天，他们到了学校，去问老师。老师听了这个问题，也很感兴趣。他在纸上画了好久，画过来，画过去，也找不到一条可行的路线，这题把老师也给难住了。不过老师表扬了威利和格林这种爱动脑筋的精神。

这个问题很快传开了，不过就是没有人能够解决。

那时候，瑞士有一位大数学家叫欧拉，他当时才三十几岁，可已经为数学做出了许

多卓越的贡献。有位朋友把这个哥尼斯堡七座桥的问题告诉了他，问他该怎么解答。欧

拉思考了一小会儿，很快地说："要想不重复地一次

走完这七座桥，是不可能的。"

那位朋友大吃一惊，忙问："为什么呢？"

欧拉笑了笑，说："其实道理很简单，不要光去

考虑桥，还要考虑这几座桥所连接的四个区——南区、

北区、东区和小岛。这里面南区、北区、东区分别都

有三座桥与邻区相连，小岛有五座桥和外界相连。不

管你从哪个区出发，也不管你最后停在哪一个区，除

去出发的那个区和最后停下的那个区之外，还余下两

个区。这两个区，是中间要经过的。如果出发点和终

大数学家欧拉

点是同一个区，那么，中间要经过的就是三个区。不管怎样，至少要有两个区是中间要

经过的。这样的区，我们可以叫它'中间区'。

"对于中间区，你进去时要走过一座桥，你出来就得走另一座桥。这一进一出，就

需要两座桥；如果是二进二出，就得有四座桥；如果三进三出，当然就需要六座桥了。

总之，每一个中间区要么有两座桥和外界相连，要么有四座桥，要么有六座桥，这样才

能使每座桥只走一次。

"现在，这四个区（包括小岛）当中，没有一个能满足上面的要求，所以，哪个区

也不能做中间区。但是，要想一次走完，至少要有两个中间区。所以，这是根本不行的。

也就是说，不可能找到不重复一次走完这七座桥的路线。"

这位朋友一听，也完全明白了。

欧拉思考问题全面、周到，他用浅显的道理，解决了这个有趣的难题。不像别人

那样，光去考虑七座桥，盲目地画呀画呀，白白浪费时间。

从此以后，"哥尼斯堡七座桥的问题"有了明确的结论，再没有人费脑筋去找那条根本找不到的路线了。但是，欧拉解决这个问题的方法，却启发着人们不断地解决许多类似的问题。

知识小链接

失明的欧拉

欧拉是瑞士数学家，他以知识渊博、创作精力旺盛、著作内容空前丰富而闻名于世界。28岁时，由于工作过度劳累，欧拉得了眼病，不幸右眼失明。后来，左眼视力衰退，只能模模糊糊地看到前方的东西，最后也完全失明了。更不幸的是，64岁时生病而又失明的欧拉被围困在大火中。在这千钧一发的紧急时刻，幸亏为他做家务的一个工人冒着生命危险，冲进大火中才把欧拉救了出来。而欧拉的书库及大量的研究成果却化为灰烬。面临这样沉重的打击，欧拉也没有倒下去，立誓把损失夺回来。他抓紧眼睛还未完全失明之前的时间，在一块大黑板上疾书他发现的数学公式，然后口述内容，由他的学生笔录。在完全失明后，欧拉仍然以惊人的毅力和黑暗作斗争，凭着记忆和心算继续进行研究，直到逝世，长达17年之久。

俄国文人与数学问题

莱蒙托夫是俄国一位著名的诗人。他不但是一位伟大的文学家，而且还特别喜爱数学。平时，他除了写作诗歌以外，一有空就研究数学问题，有时甚至入了迷。

1837 年，莱蒙托夫因《诗人之死》一诗得罪了宫廷，被沙皇尼古拉一世流放到高加索。那时候，他们驻扎在一个叫阿那巴的地方。因为不打仗，所以生活很轻松。莱蒙托夫和他的同事们经常下棋、散步、谈天。

有一天晚上，大家围坐在火炉旁聊天，莱蒙托夫说："我们来做个数学游戏好不好？"

俄国诗人莱蒙托夫

大家问："怎么个玩法？"

莱蒙托夫说："你们可以随便想一个数，自己把它记下来，不要告诉我。然后按照我说的办法，对这个数进行加、减、乘、除。我能马上猜出计算的结果。"

大家都半信半疑。有一个老兵稍微思索了一下，向周围的人们看了一眼，说："我想好了，您说吧。"他把自己想好的数偷偷告诉了身旁坐着的一个人。

莱蒙托夫说："请您将想好的数加上 37。"

老兵急忙转过身去，偷偷在纸上做了一道加法题。

"再加上 423。"

老兵又把它计算了一下。

"减去 250。"

老兵马上减去这个数。

"再减去你想好的那个数。"

老兵照减。

"现在，请您把得数乘以 5，再除以 10。"

老兵按照莱蒙托夫的要求一步一步地都做完了。

"好了，答案算出来了。"莱蒙托夫向大家眨了眨眼睛，高兴地说，"我想，这个数应该是 105，对不对？"

老兵惊奇极了，连忙说："对，对，一点也不错。我自己想的那个数是 15，计算的结果正是 105。哎，您是怎么知道的？"

莱蒙托夫笑了笑说："这没有什么可奇怪的，只要懂得数学就行了。"

站在旁边的一位军官心里有些怀疑。他想，"刚才是不是莱蒙托夫偷看了老兵的数呢？"就说："咱们能不能再试验一次？"

军官自己单独一个人走到一旁，把想好的数记在一张小纸上，压在烛台底下，不给任何人看。然后按照莱蒙托夫的要求开始计算起来。这一次得的结果，仍然是完全正确的。

大家都用敬佩的眼光看着莱蒙托夫。

莱蒙托夫神奇的计算，轰动了整个阿那巴。他走到哪里，哪里的人们都请他猜一下计算的结果。莱蒙托夫总是满足大家的要求，而且每一次都是丝毫不差。后来找的人太多了，他实在接待不过来，只好当着大家的面，揭穿了这个秘密。

不管你想的是什么数，只要在运算过程中再减去这个数，那么，这个数对运算结果就不会发生任何影响。

例如，老兵算的那个题中，假设老兵所想的数是 x，那么，他算的全部过程列成式子是：

$$(x+37+423-250-x)\times 5\div 10$$
$$=(37+423-250)\times 5\div 10$$
$$=210\times 5\div 10$$
$$=1\,050\div 10$$
$$=105$$

莱蒙托夫根本不用知道老兵想的是什么数，只要按照他自己说的数去计算，就能正确地说出答案。

无独有偶，就在莱蒙托夫兴高采烈地玩着数学游戏的时候，俄国又出现了一位喜欢做数学题的大文豪，他就是世界著名的作家列夫·托尔斯泰。

一说起托尔斯泰，人们总爱提到他卷帙浩繁的史诗性巨著《战争与和平》，提起他的《安娜·卡列尼娜》和《复活》，以及他对俄国文学和世界文学的巨大贡献。然而，对许许多多的年轻人来说，一提起列夫·托尔斯泰的名字，他们首先想到的是下面这道叫作"托尔斯泰问题"的数学题。

一组割草人要把两块草地的草割完。较大的那块草地比另一块的面积大一倍。全体割草人上午都在大草地上割草，下午他们对半分开，一半人仍然留在大

俄国作家列夫·托尔斯泰

草地上，到傍晚时把草割完；另一半人到小草地上割草，到傍晚时还剩下一小块，这小块草地由一个割草人再用一天的时间可以割完。假如每半天劳动的时间相等，每个割草人的工作效率相同，问共有多少个割草人？

题目里的数量关系比较复杂，解答时稍有疏忽便会漏掉一些条件。托尔斯泰把解数学题当作一种消遣，最喜欢解这样有趣而又不太难的题目。他花了很多精力寻找这个题目的各种解法，下面是他早年提供的一种解法。

全体割草人割了一个上午，接着一半的人又割了一个下午才将大草地割完，说明这一半的人在半天时间里能割大草地的 $\frac{1}{3}$。

在小草地上，另一半人割了一个下午，这部分面积应该等于大草地的 $\frac{1}{3}$。因为大草地是小草地面积的2倍，所以小草地面积是大草地的 $\frac{1}{2}$。这样，剩下的那一小块草地就相当于大草地的 $\frac{1}{2}-\frac{1}{3}=\frac{1}{6}$。

进而可以求出第一天总共割草的面积相当于大草地的 $1+\frac{1}{3}=\frac{8}{6}$。

因为剩下的一小块草地第二天可以由一个割草人割完，所以每个割草人一天能收割大草地的 $\frac{1}{6}$。

$$\frac{8}{6} \div \frac{1}{6} = 8（人）$$

答案是共有 8 个割草人。

其实，如果用列方程的方法来解答，思路虽不如算术解法那样巧妙，却更容易为人所接受。用牛顿的话说，只要把题目译成代数语言就行了。

设有 x 个割草人，再用一个辅助未知数 y 表示一个人一天割草的面积。那么，一个

割草人半天能割 $\frac{1}{2}y$，全体割草人上午在大草地割草的面积为 $x \cdot \frac{1}{2}y = \frac{1}{2}xy$，一半割草

人下午在大草地割草的面积为 $\frac{x}{2} \cdot \frac{1}{2}y = \frac{1}{4}xy$，于是大草地的总面积为 $\frac{1}{2}xy + \frac{1}{4}xy = \frac{3}{4}xy$；

另一半人在小草地上割草的面积为 $\frac{x}{2} \cdot \frac{1}{2}y = \frac{1}{4}xy$，第二天一个割草人在小草地上割草的

面积为 y，所以小草地的总面积为 $\frac{1}{4}xy + y = \frac{1}{4}(xy + 4y)$。

因为大草地面积是小草地面积的 2 倍，所以得出方程 $\frac{3}{4}xy = 2 \times \frac{1}{4}(xy + 4y)$，即

$y \cdot \frac{3}{4}x = y \cdot \frac{1}{2}(x+4)$。由于 y 是一个比零大的数，在方程两边都除以 y，得 $\frac{3}{4}x = \frac{1}{2}x + 2$。
解这个方程，得到 $x=8$。

辅助未知数 y 在解题过程中消失了，x 的值正好是题目的答案。

托尔斯泰非常喜欢解这个题目，经常对别人提起它，他还不断地研究它的解法。到了年老的时候，他又找到了一种图解法。据说，他对这种解法特别满意。

托尔斯泰用下图来表示两块草地。

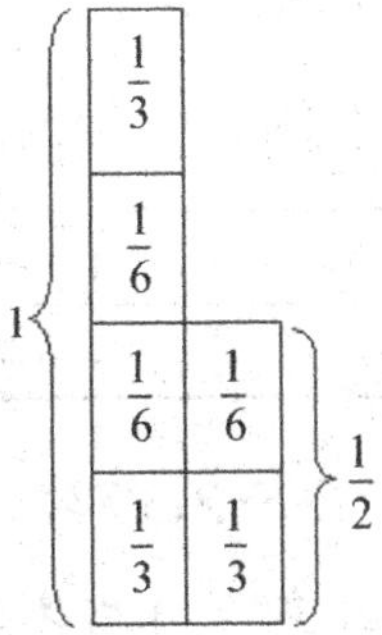

图中左边的长方形表示大块草地（记作 1），右边的长方形表示小块草地，应是大块

草地的一半（记作 $\frac{1}{2}$）。

全体组员割一个上午，又一半组员割一个下午就能把大块草地割完，这就是说，一半组员要把大块草地割完需要 3 个半天，而在半天里，一半组员只能割完大块草地的 $\frac{1}{3}$。

题目告诉我们，有一半组员下午到小块草地割草，割到傍晚还剩下一小块。从上图可以清楚地看到，这剩下的一小块草地正是大块草地的 $\frac{1}{6}$（即 $\frac{1}{2}-\frac{1}{3}$），它需要一个割草人割一天。这说明，6 个割草人割一天就可以割完大块草地。但是，题目又告诉我们，全体组员在一天内可以割完大块草地的 $\frac{4}{3}$（即 $1+\frac{1}{3}$）。因此，全组一共有 8 个割草人。

知识小链接

画出图形巧解题

利用几何图形解题，有时可以化繁为简、化难为易，或者帮助我们进行思考。下面的题目，画出图形来求解将十分方便，你不妨试试。

张师傅要加工一批零件，第一次做了一半又 6 个，第二次做了剩下任务的一半又 6 个，最后还剩下 18 个零件没有做。张师傅一共要加工多少个零件？

根据题意可画出下图。

第一次（54个）			
第二次（24个）	18个	第二次6个	第一次6个

从上图可以看到，第二次加工 18+6×2=30（个），第一次加工 24×2+6+6=60（个），所以张师傅一共要加工 60+30+18=108（个）零件。

通过画图，题意将十分明确，然后经过观察和推理，就可以比较容易地找到题目的答案。

牛顿提出的数学问题

牛顿于 1643 年 1 月 4 日出生于英格兰东海岸中部的一个小村子里。他的父亲是一个忠实、俭朴的农民,在牛顿出生前便去世了。牛顿是个不足月的遗腹子,刚出生时他是那样的脆弱和瘦小。就连两个到附近为他取药的妇女心里也想,恐怕会等不到回来他就已经死了。然而,谁也没料想到,他竟活了 85 岁,而且是世界上出类拔萃的伟大科学家!

英国伟大的数学家和物理学家牛顿

由于生活贫困,年轻的母亲不久就与当地一位牧师结婚了。小牛顿只好寄住在外祖母家中,外祖母很疼爱这个小孤儿。牛顿的一个舅父极力主张送牛顿上学读书,就这样,小牛顿才开始进入学校的大门。

牛顿小时候并不聪明,性格腼腆而孤僻,学习也很吃力。然而经过了一段时间的努力,他就改变了成绩差的状况。这也说明小牛顿是一个有志向、有毅力的孩子。

牛顿在小学时就爱好数学和工艺,他做的风筝、灯笼都十分精巧玲珑。他曾制作过"水钟"和"太阳钟",这些都显示了他好学深思的才干。14 岁那年,继父又病故,母亲带着三个孩子回到故乡乌尔索浦,他只好停学到农村务农,参加田间

劳动。

　　然而牛顿的兴趣并不在务农上，他利用一切空闲时间继续学习。有一次他连放牧的羊群把庄稼糟蹋了都不知道，当他舅父发现他又是在学习数学时并没有责备他，反而劝他母亲让他回到中学去学习。1661 年，牛顿以优异的成绩考入了英国历史悠久的剑桥大学三一学院。在大学期间，因家境不好、生活困难，他需要从事一定的勤杂劳动，以减免学费继续学习下去，这也激励他更刻苦地学习。他好学不倦的精神，博得了导师巴鲁博士的赞赏与苦心教导。牛顿的学业突飞猛进，在 1664 年取得了学士学位；第二年在该校当研究生，不久又获得硕士学位；26 岁时，接任导师巴鲁的职务任数学教授，成为剑桥大学公认的大数学家。此后，牛顿在这座最高学府从事了 32 年的教学和科研工作，取得了一系列辉煌成就。

　　牛顿很关心青少年的成长。有一天，他和几个中学生在一起闲谈，有一个学生问："牛顿先生，您随便出一个简单的数学问题，测验一下我们的思考能力好吗？"

　　牛顿高兴地说："好。你们虽然学过不少数学知识，但是，对简单的问题也不敢说一想就对。"

　　他稍微想了一下，接着说道："现在，我来给你们出一道题。有三片牧场，上面的草都一样高，而且长得也一样快。它们的面积是 4 亩、10 亩、20 亩。第一片牧场，可供 12 头牛吃 4 个星期；第二片牧场，可供 20 头牛吃 9 个星期。请你们回答我，第三片牧场，饲养多少头牛，才能在 18 个星期里把草吃完？"

　　"当然了，这些牛的食量都假定是一样的。"牛顿又补充了一句。

　　牛顿一边说，学生们一边记。他的话刚说完，一个毛毛躁躁的小伙子就发言了："牛顿先生，这道题不太对吧？在第一片牧场上，12 头牛 4 个星期吃完了 4 亩地的草，1 头牛 1 个星期吃的草就是 $\frac{4}{12\times4}=\frac{1}{12}$（亩）。第二片牧场上，20 头牛 9 个星期吃完了 10 亩牧草，1 头牛 1 个星期吃的草就是 $\frac{10}{20\times 9}=\frac{1}{18}$（亩）。怎么这两片牧场上，牛的食量不一样呢？您不是说牛的食量都一样吗？"

牛顿笑了，说："你的乘法和除法做的倒是不错，但是你考虑问题不够全面，再仔细想一想吧。"

小伙子闹了个大红脸，不吭声了。

过了一会儿，另一个学生说："牛顿先生，我解出来了。"

"刚才那位同学说的问题，你是怎么解决的呢？"牛顿问道。

"因为牧场的草不断地在长，不能光从那 4 亩和 10 亩原有的草去考虑，还有新长的草呢。"学生回答说。

牛顿高兴地笑了，说道："对啦，谈谈你的解法吧。"

那位学生很沉着地说道："假设 1 亩地的原有草量是 1，x 表示 1 个星期内 1 亩地新长出来的草。那么，第一片牧场是 4 亩地，1 个星期新长出来的草就是 $4x$，4 个星期新长出来的草是 $4\times 4x=16x$，4 亩地原有的草和 4 个星期新长的草的总量是 $4+16x$。这么多草，12 头牛吃 4 个星期，那么 1 头牛 1 个星期吃的草就是

$$\frac{4+16x}{12\times 4}=\frac{1+4x}{12}。$$

"同样，第二片牧场有 10 亩地，9 个星期中，原有的和新长的草的总量是 $10+(10\times 9)x=10+90x$。这么多草，20 头牛吃 9 个星期，1 头牛 1 个星期的吃草量是 $\frac{10+90x}{20\times 9}=\frac{1+9x}{18}$。因为牛的食量一样，所以 $\frac{1+9x}{18}=\frac{1+4x}{12}$。解此方程得 $(1+9x)\times 12=(1+4x)\times 18$，$x=\frac{1}{6}$。把 $x=\frac{1}{6}$ 代入 $\frac{1+4x}{12}$，那么，1 头牛 1 个星期吃的草便是 $\frac{5}{36}$。这样，

便得出一个结果：假若1亩地的草量是1，那么，1周之内1亩地还要长出$\frac{1}{6}$的草来。

而1头牛1周内吃草$\frac{5}{36}$。现在，便可以回答牛顿先生的问题了。

"第三片牧场是20亩，在18个星期内，原有草和新长出的草是20+20×18×$\frac{1}{6}$=20+20×3=80。1头牛1个星期吃草$\frac{5}{36}$，多少头牛18个星期吃草80呢？

$80÷\left(\frac{5}{36}×18\right)=32$（头）。所以，第三片牧场可供32头牛吃18个星期。"

牛顿满意地说："做得很正确。在解题的时候，一定要全面考虑已经知道的条件，千万不可着急。如果连题意还没搞清楚，就急着去解题，即使是简单的数学题，也是很容易出错的。"

知识小链接

牛吃草的趣题

由于牛顿的问题既有趣味，又能启发人的思维，人们后来根据它编了不少趣题，下面的题目就是其中一例。

牧场上有一片青草，每天都在均匀地生长。这片青草供给70头牛吃，可以吃24天；供给30头牛吃，可以吃60天。试问：供给多少头牛吃，可以吃96天？

设牧场上草的总量为1，每天长出来的草量为y，则第一群牛1天吃掉$\frac{1+24y}{24}$，而1头牛1天吃掉$\frac{1+24y}{24×70}$。同样，第二群牛中1头牛1天吃掉$\frac{1+60y}{60×30}$。因为1头牛1天吃掉的草应该一样，所以$\frac{1+24y}{24×70}=\frac{1+60y}{60×30}$，解得$y=\frac{1}{480}$。这样，1头牛1

天吃掉的草量为 $\dfrac{1+24y}{24\times70}=\dfrac{1+24\times\dfrac{1}{480}}{24\times70}=\dfrac{1}{1\,600}$。再设所求的牛的头数为 x，则有

$\dfrac{1+96\times\dfrac{1}{480}}{96x}=\dfrac{1}{1\,600}$，解得 $x=20$。故 20 头牛 96 天可以将牧场上的草吃完。

贪婪的巴河姆

一百多年以前，俄国有个著名的作家，叫列夫·托尔斯泰。他曾在文章《一个人需要很多土地吗？》中描述了这样一个悲剧故事。

故事中的主人公叫巴河姆，这个人很爱贪便宜。

有一天，巴河姆听别人说，某片草原上的土地价格很低，不用花很多钱就能买到好大一片。他想："我要亲自去看看是不是真的。"第二天，他便启程了。他想用他那一点钱，买上许多的土地。

几天之后，他终于到了目的地。呵！草原真大啊，一眼望不到边！巴河姆想："我要是有这么多地该有多好！先去问问价钱吧。"他找到了卖地的牧民——一个戴狐皮帽子的老大爷。

俄国著名作家列夫·托尔斯泰

巴河姆说："老大爷，我想买你一些地，请问价钱多少？"

老大爷说："1 000卢布一天。"

"1 000卢布一天，是什么意思？"巴河姆想。他以为自己听错了呢，忙问："买地不是论亩吗？怎么论天呢？"

老大爷说："我卖地从来不按亩计算，而是论天卖。一天之内，你在草原上走上一圈，所走的路线围成的土地则归你所有。价钱呢？就是 1 000 卢布。"

巴河姆又问："可是，一天不是可以走出好大的一块地来吗？"

老大爷笑了笑说："那就全是你的。不过有一条，就是在太阳落山之前，你一定要回到出发的地点。如果回不来，那么，这 1 000 卢布就白白送给我了。"

巴河姆想："一天之内，我拼命地跑，跑出一大片土地，总共才付出 1 000 卢布。这个买卖做得！"他很痛快地答应了这个条件。

第二天，天还没亮，巴河姆就起来了。他匆匆忙忙地吃完早饭，便和老大爷一块来到草原。这时，天刚蒙蒙亮。

巴河姆问老大爷："我怎么标明走过的路呢？"

老大爷递给他一把镢头，说："我在你出发的地方等你。你随身带着这把镢头，走一段路，刨一个小坑。最后根据你作的记号，把土地连起来。"接着，老大爷把狐皮帽子往地上一放，又大声说道："你看，太阳已经露出脸来了，你可以出发了。可别忘了，太阳落山前赶不回来，钱就算白送给我了。"

巴河姆也没答话，就撒开腿照直向前跑去。当他跑出大约 5 俄里（1 俄里 =1.066 8 千米）的时候，太阳已经升起老高了。这时候，巴河姆改跑为走。他想："天还早呢，等我再走 5 俄里再向左拐弯。"接着又照直向前走去。

"好了，够 10 俄里了，现在可以拐弯了。"他刨好了坑，然后向左拐，继续照直赶路。为了便于计算，巴河姆想："我现在走的路线，要跟刚才走过的路线成直角。"

巴河姆一心想多走些路，竟忘了计算这一段路的里程。他抬头一看，太阳已经到头顶上了。"呀！我走得太多了，还是拐弯吧。"他赶忙做好标记，再向左拐弯。

这时，巴河姆的肚子咕咕叫起来。他拿出了带在身上的黑面包一看，心想："这么干的面包怎么吃啊，我嗓子眼里都快冒出火来了。"他只好咽了两口唾沫，脚不停步地又往前走去。不过，他只走了 2 俄里就又拐了弯。

此时，太阳已经偏西。巴河姆看看剩下的路程，大约还得走 15 俄里，才能赶回出发点。

巴河姆又累又渴，浑身是汗。他把外衣甩掉了，把镢头也扔了。他多么想躺下来休息一下啊，哪怕是一分钟也好。然而，太阳已经离地平线不远了。"啊，我的地，我的地！"他嘴里念叨着，像一个喝醉了酒的醉汉，踉踉跄跄地拼命往回赶。

太阳像是变得沉重起来，直往地面上掉一样，离地平线越来越近了。巴河姆这时看到，老大爷拿着狐皮帽子，站在那里向他挥手。他不禁又大步跑了起来。他的嘴大张着，心脏就像是要跳出来一样，肺也好像要炸开了。

当巴河姆最后一步踏到老大爷身边时，老大爷高兴地说："祝贺你，这一大块地是你的了。"可是，巴河姆却两腿一软，一头栽倒在地上，口里流出了鲜血。老大爷上前扶他起来时，发现他已经断了气。

贪婪的巴河姆，为了捡便宜，竟送了自己的一条命。

那么，根据故事中描述的情况，我们能够算出巴河姆这一天究竟跑出了多大面积的土地吗？

下面，先把他走过的路线画出来。

他走的是一个四边形。从故事中可以知道，他一开始直着走了 5 俄里，接着又走了 5 俄里，一共是 10 俄里。于是，第一条边的长度便是 10 俄里了。这条边用 AB 表示（如下图所示）。

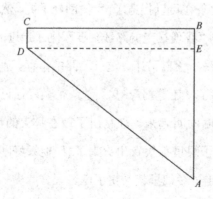

然后，他向左拐，并且拐角是直角。这样又走了一段路（用 *BC* 表示）。走了多少，故事里并没有说，所以第二条边 *BC* 的长度不知道。

走完第二条边，他又向左拐，走上了第三条边（用 *CD* 表示）。*CD* 的长度是 2 俄里。

第四条边则是 *DA*。它的长度是 15 俄里。

由故事可以知道，*BC* 垂直于 *AB*，*CD* 垂直于 *BC*。还知道四边形 *ABCD* 中 *AB*，*CD*，*AD* 的边长，于是可以着手求它的面积了。

从 *D* 点向 *AB* 作垂线 *DE*，*BCDE* 便是一个矩形。*BE=CD*=2 俄里。

在直角三角形 *ADE* 中，*AD*=15 俄里，*AE=AB-BE*=10-2=8（俄里）。

由已经学过的勾股定理，可以得到下面的式子：

$$DE= \sqrt{AD^2 - AE^2} = \sqrt{15^2 - 8^2} \approx 12.7（俄里）$$

我们用 S_1 表示三角形 *ADE* 的面积。因为直角三角形的面积等于两直角边乘积的一半，所以：

$$S_1= \frac{1}{2} AE \cdot DE = \frac{1}{2} \times 8 \times 12.7 = 50.8（平方俄里）$$

用 S_2 表示矩形 *BCDE* 的面积。因为矩形的面积等于两邻边的乘积，所以：

$$S_2=CD \cdot DE = 2 \times 12.7 = 25.4（平方俄里）$$

直角三角形 *ADE* 和矩形 *BCDE* 合起来是四边形 *ABCD*。所以，四边形 *ABCD* 的面积 *S* 是 S_1 与 S_2 之和：

$$S=S_1+S_2=50.8+25.4=76.2（平方俄里）$$

计算出的结果告诉我们，巴河姆这一天跑出了 76.2 平方俄里的土地。

这些地是多少平方千米呢？

因为 1 俄里等于 1.066 8 千米，所以 76.2 平方俄里是：

$$76.2 \times 1.066\ 8^2 \approx 86.72（平方千米）$$

巴河姆虽然贪心，拼命要围住更多的土地，但却不知道应该怎样走才最合算。他走的是一个直角梯形，周长约为 42.4 千米，这是一种很不合理的走法。懂得中学平面几何的人都知道，如果巴河姆走一个正方形，围住同样多的土地只需要走 37.2 千米，要少走 5 千米；如果他走一个圆形，则只需走 33 千米，大约相当于他所走路程的 3/4。这样，巴河姆也不会有性命之忧了。

知识小链接

托尔斯泰的数学故事

托尔斯泰青年时期，由于对沙皇专制制度不满，退学回家，试图在自己的领地上改善农民的生活。他对教育是热心的，不仅常给小学生上作文课，还设计一些有趣的数学故事，以培养孩子们的数学兴趣。有一次，他给孩子们讲了这样一个数学故事：

有一只漂亮的小天鹅，很懂礼貌，但因为不识数，常常闹出笑话。后来，它会数 1，2，3，再多就不知道了，反正它知道"100"就是"多"。一天，它在天空展翅飞翔，迎面飞来一群天鹅。小天鹅一看天鹅很多，就很客气地迎上前去打招呼说："你们好啊，100 只天鹅。"

谁知这群天鹅一听就笑了，为首的一只天鹅说："亲爱的，我们还不到 100 只呢。如果照现在这个数目扩大一倍，再加上扩大之后数目的二分之一，然后再加上你在内，我们才够 100 只。"

小天鹅听后觉得不好意思，它跟着这群天鹅后面数呀，数呀，究竟是多少只呢？它数不清。

亲爱的同学们，你能算出小天鹅看到的这群天鹅有多少只吗？（答案：这群天鹅有 33 只。）

"数学王子"的巧思妙算

在近代数学史上，有一位被誉为"数学王子"的罕见奇才。他非凡的数学思维能力，给后人留下了许多近乎神话般的传说；他辉煌的成就，为数学研究描绘了一幅极其灿烂的前景，预告了一个新的数学高潮的到来。他就是18、19世纪之交最杰出的数学家高斯。

1777年4月，高斯出生于德国一个贫困的农民家庭。他从小就酷爱数学，表现出了非凡的数学才能。

传说，高斯3岁那年，一天，父亲正在吃力地算账，算得满头大汗，很久才算出得数。

忽然，背后传来高斯怯生生的声音："爸爸，你算错了，应该是……"

父亲吃了一惊，连忙又算一遍，最后发现自己的确算错了，而高斯的答案是对的。

奇怪的是，谁也没有教过高斯算术，他怎么会算得如此又快又准确呢？高斯后来回忆自己的童年时

"数学王子"高斯

说，他在学会说话之前，就已经学会计数了。那时，他喜欢用数字做游戏，在做游戏的同时，也学会了简单的计算。

高斯9岁时，在农村的小学念书。一天，淘气的小伙伴们把数学老师惹恼了。老

师出了一道难题，要他们算出从 1 加到 100 的和，还说谁要是算不出来，就不准回家吃饭。

同学们只得老老实实地把 1 到 100 的所有整数逐一相加，而高斯却抬头凝视窗外。过了一会儿，高斯拿着写了得数的小石板来到老师跟前，说："老师，我算出来了。"

"去！回去再算，错了！"老师头都不抬，挥挥手说，他不相信有谁会算得这么快。

高斯站着不走，把小石板往前一递，说："老师，我想这个得数是对的。"

老师朝小石板上一看，上面端端正正地写着"5050"。这个得数是对的！

老师大吃一惊，问高斯是怎么算的。高斯说："我想到了一个简单的办法。您看……"高斯说着，在小石板上写了起来：

$$1+100=101$$
$$2+99=101$$
$$3+98=101$$
$$4+97=101$$
$$5+96=101$$
$$\cdots\cdots$$
$$50+51=101$$

高斯又接着说："从 1 加到 100，等于 50 个 101 相加，也就是 101 乘以 50，等于 5 050。"

原来高斯发现，从 1 到 100，头尾依次两个数相加，和都是 101；一共有 50 个 101，用 101 乘以 50，得数就是 5 050 了。

高斯所用的方法，就是古代数学家们经过长期艰苦探索才发现的求等差级数的和的方法。没想到，年仅 9 岁的高斯竟然轻易地掌握了它。

老师十分惊异。不久,他去汉堡买回数学书籍,送给了高斯,以表示对高斯的喜爱和鼓励。

高斯14岁那年,有一次一边走路一边看书,误入了费迪南公爵的花园。公爵夫人见高斯读书如此着迷,觉得很好奇,考问后发现他竟然能弄懂书中许多深奥的内容。她感到不可思议,赶紧告诉了公爵。公爵亲自考察高斯,觉得他是个难得的人才,于是给他经济援助,让他有机会接受高深教育。

高斯上大学不到一年,就以惊人的创造性成果,轰动了欧洲数学界。

早在公元前3世纪,古希腊的数学家就知道,用圆规和直尺可以作出正三角形、正四边形、正五边形、正六边形、正八边形、正十边形、正十五边形等。但是,能不能作出正七边形、正九边形、正十一边形、正十三边形呢?两千多年来,谁也没有做到。可是,还有许多数学家一个劲儿地在做,认为总是可以做到的。谁也没有想一想,也许用简单的圆规和直尺根本作不出某些正多边形。

1796年3月,高斯用圆规和直尺成功地作出了正十七边形,解决了两千多年来的一大难题,从而震惊了整个数学界。

可是,高斯对此并不满足。不久,他又深入研究了用圆规和直尺作图的一般规律,得出一个一般公式。证明什么样的正多边形可以用圆规和直尺作出,什么样的正多边形不能作出。这就是用圆规和直尺作图的判别方法。例如,根据高斯的公式,正七边形、正十一边形、正十三边形等图形,根本不可能用圆规和直尺作出;而正二百五十七边形、正六万五千五百三十七边形则是可以作出的。不可能作出某些正多边形的问题,在数学上叫作"不可能性"问题。高斯首次证明了这个问题,在数学史上具有重要的意义。

高斯干净利落、周密而彻底地解决了两千多年来一直悬而未决的难题。这一成功,致使他下决心终身致力于数学研究,并希望在他去世后,在墓碑上刻一个正十七边形,以纪念他的这个重要发现。那时,高斯还不满20岁。

　　一个方程究竟有多少个根？这也是长期折磨数学家的一道难题。很早以前，人们就知道怎样求一元一次方程、一元二次方程的根。公元 1 500 年左右，人们也找到了求一元三次方程和一元四次方程的根的公式。

　　紧接着，数学家们又开始研究一元五次方程的解法，却没有考虑过一元五次方程是不是一定有根。如果有根，为什么算不出来呢？如果没有根，求解不是白费力气吗？说来奇怪，在过去近三百年的时间里，大家都认为代数方程一定有根，可是谁也没有用数学的方法作过严格的证明。

　　要证明代数方程一定有根，是一件很不简单的事情。因为不是逐个考虑五次、六次、七次、八次方程是不是有根，而是要概括地考虑任何次方程是不是有根。

　　1799 年，高斯写了一篇十分重要的论文。在这篇论文中，他第一次严格证明了代数的基本定理：任何一元 n 次方程，至少有一个根。这个定理，后来被称作"高斯定理"。高斯定理给了数学家们一颗定心丸：不管什么样的代数方程，都一定有根，问题是如何把根算出来。

　　更为难得的是，高斯在证明高斯定理时，并没有逐个地解方程，而是运用他非凡的数学思维能力，进行严格推导。他的论文给数学家做出了榜样，吸引大家把主要的精力和时间，用去研究和解决一般性的定理。因此，高斯从指导思想上，为数学的发展开辟了广阔前景。

　　1801 年，年仅 24 岁的高斯出版了数学巨著《算术研究》。这部著作，开创了近代数论，获得了数学界的一致好评，从而也奠定了他作为 18、19 世纪之交最伟大的数学家的地位。

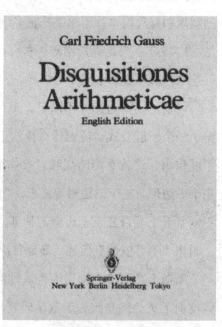

《算术研究》英文版封面

知识小链接

高斯速算星星轨道

早在1766年，就有人发现各个行星和太阳之间的距离是有规律的。1781年，英国天文学家赫歇耳发现了天王星，并且预言了一颗尚未发现的小行星的位置。这个小行星后来被命名为谷神星，可是在当时，谁也拿不准它究竟是行星还是彗星，还得对它继续进行观察。可是，这颗星实在太小了，不久就看不见它了，也不知道它哪一天再出现在天空中的哪一个方位。如果能把它的轨道计算出来，找起来就容易多了。可是观测到的数据太少，计算它的轨道非常困难。

高斯在前人研究的基础上，运用他的数学知识和卓越才干，创立了比过去更加精确的行星运行的轨道理论，引出了一个八次方程；并且改进了计算方法，仅仅用了一个小时就算出谷神星将在什么时候出现在天空中的什么位置。

皇帝、总统与几何

法国皇帝拿破仑一世的几何造诣很深，在古今中外的帝王中堪称独步。他出身行伍，当过炮兵军官，对于射击和测量中用到的几何与三角知识，本来就有很多感性认识，后来进一步提高，从理论角度对几何问题进行探索。拿破仑的一番心血没有白费，在几何学的众多趣题中，有的竟冠上了他的名字！

法国皇帝拿破仑一世

下面我们简单介绍一下脍炙人口的"拿破仑三角形"。请你随便画一个三角形，记为 $\triangle ABC$。在此三角形三条边的外侧，分别作三个等边三角形，它们的外接圆圆心是 O_1，O_2，O_3，连接此三点形成一个新的三角形，称为"外拿破仑三角形"（如下页左图所示）。

然后，在 $\triangle ABC$ 三条边的内侧，也分别作三个等边三角形，设它们的外接圆圆心是 P_1，P_2，P_3，连接这三点又形成一个新的三角形，称为"内拿破仑三角形"（如下页右图所示）。

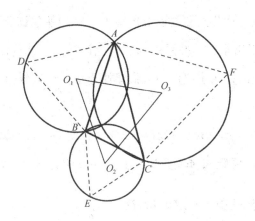
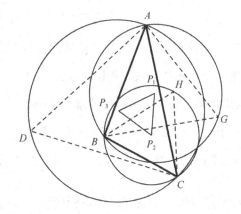

内、外拿破仑三角形本应作在同一个图上，为了醒目起见，把它们分开来画。

拿破仑证明了下列有趣的事实：

（1）外拿破仑三角形是一个正三角形；

（2）内拿破仑三角形是一个正三角形；

（3）上述两个三角形的外接圆圆心是同一点。

即使在今天，要证明上述的事实也并非易事。难怪一些数学家（如拉普拉斯）感到惊异，他们对拿破仑的才能心服口服，由衷地向他提出了一个要求："我们有个请求，请您来给大家上一次几何课吧！"

拿破仑在几何学上有这样深的造诣，和他的谦虚好学是分不开的。他有一些大数学家作为朋友和臣下，如拉格朗日和拉普拉斯，后者曾被拿破仑封为伯爵，并被任命为法国内政大臣。

勾股定理是几何学中的一条重要定理，古往今来，有无数人士探索过它的证法。在1940年，一本名为《毕达哥拉斯命题》的书中，就收集了 367 个不同的证法。其中，最令人感到兴趣的证法之一，居然是由一位美国总统做出的！

1876 年 4 月 1 日，波士顿出版的一本周刊《新英格兰教育杂志》上刊出了勾股定理

的一个别开生面的证法，编者注明它是由俄亥俄州共和党议员詹姆士·A.加菲尔德所提供的，是他和其他议员一起做数学游戏时想出来的，并且得到了两党议员的一致同意。后来，加菲尔德当选为美国总统。于是，他的证明也就成为人们津津乐道的一段轶事了（据说这是美国总统对数学的唯一贡献）。

他的证法确实十分干净利落。作直角三角形 ABC，设其边长分别为 x，y，z，其中 $BC=z$ 是斜边。作 $CE \perp BC$，并使 $CE=BC$，再延长 AC 至 D，使 $CD=AB=x$，连 D，E，则四边形 $ABED$ 是梯形（如下图所示），其面积等于 $\dfrac{1}{2}AD(AB+DE)=\dfrac{1}{2}(x+y)^2$。

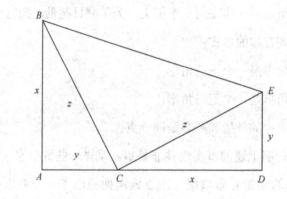

易证明 $\triangle DCE$ 与 $\triangle ABC$ 是全等三角形，于是 $\triangle BCE$、$\triangle ABC$ 与 $\triangle DCE$ 的面积之和等于 $\dfrac{1}{2}z^2+2 \cdot \dfrac{xy}{2}$。

由于图上三个三角形面积之和就是梯形的面积，得到等式：

$$\frac{1}{2}(x+y)^2=\frac{1}{2}z^2+2 \cdot \frac{xy}{2}$$

化简后得：

$$x^2+y^2=z^2$$

于是，勾股定理得到证明。

知识小链接

几何学中无捷径

统治埃及的托勒密国王对几何学很感兴趣，他自命"天纵圣明"，认为天下无论什么事情他都能一看就懂，一学就会。可是，看了《几何原本》之后，他却皱起眉头，感到非常棘手。但转念一想，他又自作聪明地认为，这类烦琐说教，乃是专为凡夫俗子而设的，对他这个"富有四海"的天子，肯定另有一条捷径。于是他就问欧几里得："几何之法，更有捷径否？"不料欧几里得冷冷地回答道："夫几何一途，若大道然，王安得独辟一途也？"（见清末著名数学家李善兰翻译的《几何原本》序）国王托勒密被泼了一头冷水，大为扫兴。从此以后，"几何无王者之道"（或意译为"几何学中无捷径"）就作为一句名言而流传下来了。

妙用影子测高

人们仰望邈远的蓝天时，总会情不自禁地想："天有多高呢？"

由于天高不可测，人们便想知道天空中的太阳离地有多远。孔子不能回答"小儿辩日"问题，可是，有一个儿童却敢于在大人的面前巧辩太阳离地有多远。

晋明帝司马绍是晋元帝司马睿的长子，有辩才。他小时，一次坐在父亲司马睿的膝头玩耍，司马睿问儿子道："依你看，长安和太阳，哪一个离我们远？"司马绍答道："太阳远。因为我从来没有听说过有谁从太阳那儿来，倒看到有人从长安来。由此可见太阳比长安远。"司马睿听了，对儿子的聪明感到出乎意料。为了夸耀他的儿子，第二天，在有满朝文武参加的宴会上，又把这个问题提出来问司马绍。可是司马绍却回答说："太阳近，长安远。"司马睿一听急忙问道："你为什么今天回答的和昨天的正相反呢？"司马绍说："抬头可以看见太阳，而看不见长安。由此可见，太阳比长安近。"满朝文武听了，无不赞叹司马绍善辩的口才。

那么，到底是长安远还是太阳远，科学家们倒是想用具体数字来说话。长安在大地上，自然有办法丈量；太阳高悬空中，要量它离我们这儿有多远可就难了。然而，人类凭借智慧还是想出了办法——利用影子。

早在公元前 6 世纪，古希腊学者泰勒斯就曾经借影子的作用去拯救战火中受难的百姓。据说当时美地亚国和吕地亚国（位于今土耳其西部）发生战争，连续五年未分胜负，满目疮痍，哀鸿遍野。泰勒斯目睹惨景，便去游说两国首领，陈说利害，建议停战，但均遭冷遇。于是，他便扬言，上天反对战乱，某月某日利用日食作为警告。果然到了那天，两军正在鏖战，突然太阳失去光辉，白昼顿成黑夜，双方将领大为恐惧，从此罢战言和。

这个传说当然未必可信，因为那时泰勒斯是否有能力预测日食发生的时间是值得怀疑的，但这说明影子在宇宙空间也有如此妙用。而泰勒斯深知影子的妙用，因此也敢于大胆地回答"金字塔之谜"：金字塔有多高呢？

金字塔

在数学中，与金字塔有关的故事非常多。金字塔构造精巧，其中蕴含的许多数据让古往今来的数学家们都惊叹不已。单说测量金字塔的高度，就曾经有人想出过各种各样的办法。但传说中第一个测出金字塔高度的人却是泰勒斯。他不仅测出了塔高，还由此发现了相似三角形的原理。

相传公元前 2 600 年，埃及有位国王命人建造一座大金字塔作为自己将来的陵墓。金字塔建好后，这位国王想知道塔有多高，于是命祭司们去测量。这可难坏了祭司们，且不说那么高的塔，人根本没办法爬上去，即便真的爬上去了，塔面是斜的，也测不出塔的高度啊！祭司们束手无策了。这可气坏了国王，他下令：凡测得出塔高的人，重重有赏。

重赏之下，必有勇夫，也必出智者。没过几天，一位名叫泰勒斯的学者揭了国王的招贤榜。国王非常高兴，招他进宫，酒宴伺候，然后挑选了一个风和日丽的日子，举办测塔仪式。这天，国王在祭司们的陪同之下，和泰勒斯一起来到金字塔旁。看热闹的百姓们围得黑压压一片，大家都既紧张又兴奋，不知泰勒斯会用什么方式测出塔高。泰勒斯一副胸有成竹的样子。他盯着自己的影子，静静地等，等待那个最适合测量的时刻到来。

难道测塔高还有吉时吗？当然不是的，泰勒斯只是在等这样一个时刻：自己的影子和自己的实际身高相等。这也是他无意中想到的方法。泰勒斯看到阳光普照之下的万事万物都拖着一道影子。并且早晚影子长，正午影子短。那么一定有一个时刻，影子与物体的高度是一样的！想到这一点后，泰勒斯就自己做了实验，他找来一根竹竿，竖在太阳底下，不断地观察，不断地记录，终于被他找到了那样一个时刻。在正式测量塔高的仪式上，他正是在等塔高与影高相等的时刻到来。

这一激动人心的时刻终于到了。泰勒斯一声令下，助手们立刻跑去测量金字塔的影长，并报告了具体精确的数字。至此，国王的难题被解开了，人们发出了震耳欲聋的欢呼声！国王非常高兴，问泰勒斯用的是什么原理。泰勒斯就画了一幅图给图王看，并解释道："当我的影子与我的身高相等时，塔影也一定等于塔高。"他还把这一原理称为"相似三角形"原理。在我们看来，这是非常简单的道理，但在当时，这可是一大创举呢！

人们看到泰勒斯的智慧结晶，无不叹为观止。然而，一座塔、一棵树，甚至一座山固然都可以应用这个方法测量高度，却没有人敢想象，更高的物体，譬如说太阳，它有多高呢？谁能够测得日高呢？

第一个敢于接受挑战的是我国三国时代的科学家赵爽（公元 3 世纪），他用什么方法去测量太阳的高度呢？奇怪得很，用的仍是影子。

然而，太阳实在是太高了，根本不可能简单地应用相似三角形的原理去测高，这主要是因为无法取得作为对应边的水平距离。赵爽在作《周髀算经》注释时巧妙地创造了"双表入影法"来解决这个问题，他绘制了一幅日高图，如下图所示。在水平地面上立两表（表即"杆"的意思），日照下显出影长 AB 和 CD，作 CE=AB，则 ED 为两影长度之差；接着他证明"黄甲"与"黄乙"的面积相等，而黄甲的面积是表高与两表之间距离的乘积，用影差作为黄乙的宽去除黄甲面积，便得黄乙的长，它的上端与日头相齐，加上表高，就是日高了。

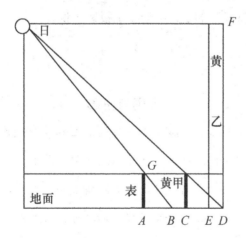

赵爽测日高的方法可用下式表示：

$$FD = \frac{GA \cdot AC}{ED} + GA$$

但是，因为地面不是平的，而且表高与表间距离相对于日高过于微小，所以测得的日高是不准确的。不过，赵爽却为后人提供了一种极为先进的测高望远之术。

长江后浪推前浪。历史的发展必然使科学不断进步，在赵爽之后的几十年，同世纪人刘徽提出一种重差理论，发明了"重差术"："重"就是重复，"差"是日照影子长度的差值，说明只需测两次求日影的差，就可以算出距离。刘徽对赵爽的日高测量法做了很大发挥，他认为，重差术用于测日高固然不准，但是，用于测量一座山、一座塔的高度却是游刃有余，特别是用于测"可望而不可即"的景物更是别开生面，譬如说在大陆要隔海测海岛高度就可以用这种方法。刘徽写了一本名叫《海岛算经》的书，并创立了投影学说。

《海岛算经》书影

知识小链接

地图与投影

地图与建立在"近大远小"透视关系上的地面相片和风景画不同，它具有可量测性。地图运用数学方法将球面上的点投影到某种可展面上，地图投影建立了球面上点的经纬度和其在平面上直角坐标之间的解析关系。投影后可清楚地了解并精确地算出误差大小，并控制误差的分布规律，而且可严格地对地图进行定向。要绘出平面地图，就必须以某种方式把地球仪做投影。绘制者用不同的球面投影法来绘制平面地图，投影方法的选取决定地图的许多特点。根据光源在地球仪的中心、对立面或无穷远点等不同位置而有球心投影、球极投影和正射投影之分等。